自动化类实验系列教材

机器视觉感知与智能识别
虚拟仿真实验教程

主　编　朱文兴
副主编　张法业　荣海林　田　天

山东大学出版社
SHANDONG UNIVERSITY PRESS
·济南·

内容简介

本书重点介绍了国家级虚拟仿真实验一流课程“机器视觉感知与智能识别虚拟仿真实验”的建设背景、基础知识、原理和步骤等内容。本书共分 7 章，第 1 章是概论，介绍课程建设背景和虚拟仿真实验系统的国内外发展现状；第 2 章是实验课程预备知识，主要介绍深度学习技术、机器视觉技术、图像识别技术、神经网络模型、BP 算法等内容；第 3 章是虚拟仿真实验介绍，介绍虚拟仿真实验的必要性、实验教学设计及先进性；第 4 章是实验教学目标与实验要求，介绍虚拟仿真实验教学目标和实验条件要求；第 5 章是虚拟仿真实验原理，介绍实验设计依据的基本原理和突出的核心要素仿真设计；第 6 章是实验方法与实验过程，介绍实验方法、步骤及结论等；第 7 章是实验教学系统，介绍系统架构和系统说明。

本书主要面向自动化类、电子信息类、仪器仪表类、计算机类等专业的本科生，也可供部分跨学科攻读控制工程与电气工程类学科的研究生使用。

图书在版编目(CIP)数据

机器视觉感知与智能识别虚拟仿真实验教程 / 朱文兴主编. -- 济南 ：山东大学出版社，2025. 1. --（自动化类实验系列教材）. -- ISBN 978-7-5607-8162-4

Ⅰ. TP302.7；TP391.4-33

中国国家版本馆 CIP 数据核字第 2025BD1343 号

责任编辑　曲文蕾
封面设计　王秋忆

机器视觉感知与智能识别虚拟仿真实验教程
JIQI SHIJUE GANZHI YU ZHINENG SHIBIE XUNI FANGZHEN SHIYAN JIAOCHENG

出版发行　山东大学出版社
社　　址　山东省济南市山大南路 20 号
邮政编码　250100
发行热线　(0531)88363008
经　　销　新华书店
印　　刷　山东和平商务有限公司
规　　格　787 米×1092 毫米　1/16
　　　　　8.25 印张　132 千字
版　　次　2025 年 1 月第 1 版
印　　次　2025 年 1 月第 1 次印刷
定　　价　32.00 元

前言

近年来，教育部持续加强现代信息技术与实验教学项目的深度融合，大力推进教育数字化进程，并取得了相当突出的成效。虚拟仿真实验拓展了实验教学内容的广度和深度，延伸了实验教学的时间和空间，提升了实验教学的质量和水平，已经成为各类现实教学过程中“做不了”“做不到”实验的有效模拟工具。

山东大学的“机器视觉感知与智能识别虚拟仿真实验系统”于 2018 年 3 月启动建设，2019 年 9 月上线试运行，同步建立了虚拟仿真教学平台，构建了纯软件、半实物、虚拟现实、虚实结合等形式的仿真实验教学体系。2021 年 4 月，山东大学为该实验课程申报国家级虚拟仿真实验教学一流课程，2023 年 5 月获批。至今，山东大学已构建了从全仿真、半实物仿真到虚实结合仿真的控制学科全过程虚拟仿真链条，建立了具有“理实融育、虚实结合、科研哺教、产教协同”特色的控制工程与人工智能高度融合的虚拟仿真实验项目群。

本书主要介绍了机器视觉感知与智能识别虚拟仿真实验的预备知识及基本技术、实验特色、教学目标、实验要求、实验原理、实验步骤、评价体系和实验报告等内容。本书按照从理论到实践、从基础到创新、从低阶到高阶的次序来编写完成，完全符合创新实验课程“两性一度”的特征，满足学生自学的要素和条件。本书的附录还介绍了核心模型卷积神经网络(CNN)的原始代码，以帮助学生自学卷积神经网络。

编写本书是为了将虚拟仿真实验通过说明书的方式呈现给实验参与者，既可以为实验指导老师提供原始说明，又可以为实验人员提供参考资料。本书可作为实验空间网站“机器视觉感知与智能识别虚拟仿真实验系统”的参考说明书。

本书是科研成果反哺教学的典范，除了践行 CDIO(构思、设计、实现、运作)的工程教育理念外，实验技术内核也具有前瞻性和新颖性，具有较高的学术价值。另外，本书是国家级虚拟仿真实验教学一流课程的配套教材，开创了编写虚拟仿真实验教材的先河，有一定的引领性和指导性。

本书由朱文兴负责编写前 3 章，张法业负责编写第 4 章，荣海林负责编写第 5 章，田天负责编写第6、7章。编写期间，庄云龙、朱康兴等研究生校对了全部文字和图表，为本书最终成稿做出了贡献。本书的出版得到了国家自然科学基金项目(No.61773243)的经费资助以及山东大学出版社的大力支持，在此一一表示感谢。

在编写本书时，作者查阅和借鉴了大量网络资料及论文、著作，在此对它们的作者表示诚挚的敬意和衷心的感谢。另外，受编者水平所限，书中如有不足之处，敬请读者和专家批评指正。

作　者

2023年冬至于山东大学千佛山校区

目　录

第 1 章 概 论

虚拟仿真实验具有开放性、便利性、自由性和学术性等特点，已逐渐成为一种受人欢迎的实践教学手段。虚拟仿真实验课程与大型在线开放课程的性质一样，是一种数字化教育的具体存在形式，它解决了现有硬件条件下“做不了”和“做不到”的实验与实践教学问题，为新时代实验教学提供了可参考的新渠道和新路径。

1.1 我国虚拟仿真实验教学项目发展现状

从 2013 年开始，我国开展虚拟仿真实验教学中心建设，每年认定 100 个国家级实验中心，而随后的“双一流”建设进一步加快了虚拟仿真实验教学中心的建设落地。至 2016 年，全国共建成并认定了 300 个虚拟仿真实验教学中心。随后，在硬件环境达到一定水平后，国家逐渐将重心由环境建设转向内容建设，先后开展了在线开放课程（慕课）建设、虚拟仿真实验教学项目建设，并在 2019 年全面进入“金课”建设阶段，虚拟仿真实验教学项目也正式成为了国家“金课”项目。

山东大学虚拟仿真实验教学系统的建设与应用发展良好，截至 2023 年 12 月已建有 3 个国家级虚拟仿真实验教学系统，有文、理、工、医各类学科虚拟仿真实验一流课程近 20 项，其中就包括机器视觉感知与智能识别虚拟仿真实验教学系统。国内虚拟仿真实验教学系统建设与应用发展较好的高校还有清华大学、中南大学、东南大学、江苏大学、南开大学、大连理工大学等，这些高校都较早地建立了国家级虚拟仿真实验教学中心，推动了各自学校和对应专业的虚拟仿真实验教学系统的建设与应用。

随着众多高校不断加大投入力度，虚拟仿真实验课程得到了广泛的推动和发展。2019 年 1 月，“虚拟仿真实验教学创新联盟”在清华大学正式成立，该联盟推动了现代信息技术与实验教学项目深度融合，拓展了实验教学内容的广度和深度，延伸了实验教学的时间和空间，提升了实验教学的质量和水平。然而，受各高校自身建设水平、地理位置、历史文化、社会经济及行政体制等因素的影响，我国虚拟仿真实验教学项目的现行分布非常不均衡。高志强等[1]认为在虚拟仿真实验教学项目建设过程中，要优先遴选经济发展急需专业和具有地方特色的虚拟仿真实验教学项目，以实现国家虚拟仿真实验教学项目在全国范围内的科学规划和合理布局，促进优质实验教学资源在不同层次和不同地域高校中的均衡发展。为了改变虚拟仿真实验教学项目分布不均衡的局面，联盟中的专家和学者致力于解决虚拟仿真实验教学项目建设中的诸多问题，如张宁等[2]针对目前建设过程中存在的问题，从人员组织、实验广度、实验深度、实验精度等方面给出了详细的建议，促进了虚拟仿真实验教学项目的发展。熊宏齐[3]从实验教学的概念及重要性出发，阐述了虚拟仿真实验教学的内涵，提出了虚拟仿真实验教学推动传统实验教学升级重构需要遵循的六个平衡原则，指导了虚拟仿真实验教学项目的建设。农春仕等[4]在分析国家虚拟仿真实验教学项目建设现状的基础上，以南京某“双一流”高校“三衔接、一提升”虚拟仿真链式实验教学体系为例，着重从实验实践教育教学体系建设方面提供项目建设模式、构架及路径经验。

经过多年的发展，国内涌现了许多优秀的虚拟仿真实验教学案例。黄永福等[5]介绍了物流管理虚拟仿真实验教学中心的建设思路与总体框架。该仿真实验教学中心能满足教学、实验、科研、竞赛等多元化需求，提高学生专业实践能力，达成高素质应用型人才培养的目标。孙江宏等[6]运用虚拟仿真技术搭建了管道检测机器人虚拟仿真实验系统，模拟了真实实验环境，并据此开展了机器人模型设计和管道实验设计等教学。董春桥等[7]从建设目标、建设方案、开发技术、教学实践等方面，探讨了“互联网＋”和虚拟仿真技术在实验教学项目中的应用方式。史延雷等[8]紧密结合汽车产业智能驾驶技术、C-V2X(蜂窝车联网)技术发展新方向，基于硬件在环和计算机数值模拟仿真技术构建了智能网联汽车硬件在环虚拟仿真实验平台。胡蔓等[9]以能源消费集中的东北亚地区为背景，采用 3D 建模、数字仿真等技术，打造了东北亚能源互联网虚拟仿真实验教学项目，实现了全球能源互联网认知、东北亚能源互联网网络架构搭建、东北亚能源互联网实时功率平衡仿真、东北亚能源能量平衡仿真等实验教学。

以上虚拟仿真实验教学项目属于管理和理工类，而文史类如考古、心理、新闻和法学等专业的虚拟仿真实验建设案例也不在少数。曾祥炎等[10]开发了“三模块五平台”虚拟仿真实验教学体系，解决了心理学人才培养中研究能力与应用技能分离、心理应用技能培养的教学手段缺失、实验场景难以实现、公共心理教学实验难于开展等教学难题，系统地推进了心理学实验教学信息化建设进程和实验教学改革与发展。安珊珊等[11]重点分析了新闻与传播类虚拟仿真实验教学项目在应用设计与创新实践方面的特点，即强调在场感与沉浸式体验，重视流程实训与环节完备，凸显空间感与创意思维，并注重思政元素的融入与校企合作空间的搭建。以上仿真实验教学项目助推了国内各个学科虚拟仿真实验教学课程的建设与发展。

近几年，人工智能（AI）飞速发展，人工智能类人才需求激增，高校人才培养模式因此而悄然发生改变。作为人工智能核心技术，深度学习模型的构建不仅是人工智能类专业大学生学习的重点，而且受到广大非人工智能类专业学生的追捧。然而，深度学习模型的构建过程受到训练时间的限制，在较短时间内无法完成整体教学，且存在实验课程中把深度学习当作黑箱工具，只学习如何应用而不求深入理解原理的问题[12]。

针对上述问题，本书深入浅出地介绍了机器视觉感知与智能识别虚拟仿真实验的技术与特色，不仅克服了深度学习模型在短时间内无法完成演示性教学的困难，而且解决了模型构建完成后在工程场景中验证难的问题。

1.2 国外虚拟仿真实验系统发展现状

美国新媒体联盟早在 2002 年就开始了将虚拟仿真融入教育领域的规划。耶鲁大学充分发挥学校虚拟仿真实验室的优势，采用智能平板电脑模拟完成了分子生物学、细胞生物学、发育生物学等学科课程的虚拟仿真实验。学生可以共享在实验室光学显微镜中实时获取的数据和实验图像等信息资源，对实验图像、数据进行实时记录、分析。科罗拉多大学构建了一个结构化的虚拟实验室，可以让学生进行个性化的学习和自主性的实验。加州大学圣迭戈分校开发了虚拟仿真系统，为学生们展现了公元前10世纪的约旦堡垒，为破解这一巨型堡垒的建筑之谜提供帮助。英国开放大学开发了支持远程控制、虚拟仪器、交互式多媒体实验、在线分析与综合研究的大学实验管理平台，可以在线快速实现管理大学实验室的功能。学生可以通过下载遥控虚拟仪器应用软件，直接进行手机在线模拟实验。其中，应用于地球科学实验技术研究的各种虚拟岩石显微镜，可直接提供当前全球存放在世界各地科学博物馆、大学、科研机构仓库中的各种地球表面优质岩石材料和数百种地球优质岩石材料样本。虚拟岩石显微镜既有效避免了昂贵的显微镜、薄膜和切片等基础设施与仪器设备的前期购置费，还可以直接作为全球开放资源共享给他人使用。

作为印美高等教育领域校际合作的重要内容，美国21所顶尖大学充分利用印度甘露大学的远程国际教育网络平台，为印度几百所高校的国际学生开设了计算机工程科学、信息与电子通信、生物技术和材料科学等多门网络教育课程，并与印度高校开展网上技术协作。在此基础上，印度甘露大学相继成功启动了虚拟机器学习平台、网上联合研究中心和在线学习实验室等一批重点项目建设。美国雷德兰兹大学利用智能平板电脑的易于随身携带、高分辨率大屏显示和智能触摸屏三大特点，以智能平板电脑替代笨重的地理科学实验仪器、视频广播设备和其他昂贵的教学工具，开展了野外实地体验教学，与在校学生们一起分享地图拍摄全景照片、地图注解、全球地形等图片相关资料，同时收集、整理、分享了地球岩石地理数据。西班牙马德里IE商学院运用名为“唐宁街10号”的职业教育教学游戏软件开展了专题教学，让广大学生快速学习和深入了解当前全球相关经济、政治领域的巨大复杂性，寓教于乐，使学生能够站在更高、更深层次的角度思考问题，培养学生对全球经济领域紧迫性的认知和解决实际问题的能力。

1.3 课程基本信息

机器视觉感知与智能识别虚拟仿真实验是人工智能技术实践课程中的重要实验教学环节。该仿真实验课程是在算法导论与Python编程、人工智能导论两门课程的基础上，进一步将算法应用于工程实践，以培养学生设计复杂系统的能力。同时，该仿真实验课程可对人工智能技术实践、神经网络与深度学习、智能机器人技术实践等后续课程形成支撑。

该仿真实验课程共4个学时，面向自动化类、仪器仪表类等专业高年级学生开设，具体信息如表1.1所示。

表1.1 课程基本信息表

实验名称	机器视觉感知与智能识别虚拟仿真实验
实验所属课程	人工智能技术实践
课程性质	实践课
实验对应专业	自动化类、仪器仪表类等专业
实验类型	综合设计型
实验语言	中文
有效链接网址	https://www.ilab-x.com/details/page? id=6479&isView=true#1001

1.4 本章小结

本章介绍了虚拟仿真实验的定义和内涵，论述了国内外虚拟仿真实验教学项目的发展历史、现状和存在的问题，简要描述了本仿真实验课程的建设基础和基本信息。

第 2 章　实验课程预备知识

虚拟仿真又称计算机仿真，是指利用计算机生成三维动态实景，对系统的结构、功能和行为以及参与系统控制的人的思维过程和行为进行动态性、逼真的模仿。虚拟仿真实验来源于真实物理世界，是对真实物理世界的数字化复现。

机器视觉感知与智能识别虚拟仿真实验课程可在短时间内实现机器视觉感知和图像识别的深度学习训练实验等教学过程。深度学习技术、机器视觉技术、图像识别技术以及深度学习的模型和算法等均为支撑本实验的技术基础，在此作为预备知识予以介绍。

2.1　深度学习技术

2.1.1　深度学习的定义

深度学习是一类模式分析方法的统称，是机器学习研究中的一个新的领域，其目的在于建立模拟人脑进行分析学习的神经网络，以模仿人脑的机制来解释数据，例如图像、声音和文本。同机器学习一样，深度学习也有监督学习与无监督学习之分，但不同的学习框架下建立的学习模型不同。就具体研究内容而言，主要涉及三类模型：

(1)基于卷积运算的神经网络系统，即卷积神经网络(convolutional neural network，CNN)。

(2)基于多层神经元的自编码神经网络,包括自编码(auto-encoder)以及近年来受到广泛关注的稀疏编码(sparse coding)两类。

(3)以多层自编码神经网络的方式进行预训练,进而结合鉴别信息进一步优化神经网络权值的深度置信网络(deep belief network, DBN)。

2.1.2 深度学习的释义

深度学习是机器学习的一种,而机器学习是实现人工智能的必经之路。深度学习的概念源于人工神经网络研究,含多个隐藏层的多层感知器就是一种深度学习结构。深度学习通过组合低层特征形成更加抽象的高层来表示属性类别或特征,以发现数据的分布式特征表示。

从一个输入中产生一个输出所涉及的计算可以通过流向图(flow graph)来表示。流向图是一种能够表示计算的图,在这种图中,每一个节点表示一个基本的计算以及一个计算的值(即计算的结果被应用到这个节点的子节点的值)。设有一个计算集合,并定义一个函数族,它可以被允许出现在每一个节点和可能的图结构中。输入节点没有父节点,输出节点没有子节点。该集合的流向图具有一个特别属性——深度(depth),即从一个输入到一个输出的最长路径的长度。

人工智能研究的方向之一是以所谓"专家系统"为代表的,用大量"如果-就"(if-then)规则定义的,自上而下的思路。人工神经网络(artificial neural network)是另外一种自下而上的思路。神经网络没有一个严格的正式定义,它的基本特点是试图模仿大脑神经元之间传递、处理信息的模式。

2.1.3 深度学习的特点

深度学习与传统的浅层学习的不同之处在于:

(1)强调了模型结构的深度,通常有 5 层、6 层,甚至十多层的隐层节点。

(2)明确了特征学习的重要性。也就是说,通过逐层特征变换,深度学习可将样本从原空间的特征表示变换成另一个新空间的特征表示,从而使分类或预测更容易。与人工规则构造特征的方法相比,利用大数据来学习样本特征,能够更准确地刻画数据丰富的内在信息。

通过建立适量的神经元计算节点和多层运算层次结构,选择合适的输入层和输出层，借助网络的学习和调优方法，人们可建立起从输入到输出的函数关系，虽然不能完全准确地找到输入与输出的函数关系，但是可以尽可能地逼近现实的关联关系。通过使用训练成熟的网络模型，人们可以实现复杂事务处理的自动化。

2.1.4 典型的深度学习模型

典型的深度学习模型有卷积神经网络模型、深度置信网络模型和堆栈自编码网络(stacked auto-encoder network)模型等，下面对这些模型进行描述。

(1)卷积神经网络模型：在无监督预训练出现之前，训练深度神经网络通常非常困难，但其中有一个特例，即卷积神经网络。卷积神经网络是科研人员受视觉系统的结构启发而研究出来的。第一个卷积神经网络计算模型是在福岛邦彦(Kunihiko Fukushima)[13]的神经认知机中提出的，其原理是基于神经元之间的局部连接和分层组织图像转换，将有相同参数的神经元应用于前一层神经网络的不同位置，得到一种平移不变的神经网络结构形式。后来，杨立昆等[14]在该思想的基础上，用误差梯度设计并训练卷积神经网络，并在一些模式识别任务上优化了其性能。至今，基于卷积神经网络的模式识别系统仍是最好的实现系统之一，尤其在手写体字符识别任务上表现出非凡的性能。

(2)深度置信网络模型：深度置信网络模型可以解释为贝叶斯概率生成模型，由多层随机隐变量组成。最上面的两层单元具有无向对称连接，下面的层可得到来自上一层的自上而下的有向连接，最底层单元的状态为可见输入数据向量。深度置信网络由若干两层结构单元堆栈组成，结构单元通常为受限玻尔兹曼机(restricted Boltzmann machine，RBM)。堆栈中每个 RBM 单元的可视层神经元数量等于前一个 RBM 单元的隐层神经元数量。基于深度学习机制，首先采用输入样例训练第一层 RBM 单元，然后利用其输出训练第二层 RBM 单元，最后采用 RBM 单元进行堆栈，并通过增加层来改善模型性能。在无监督预训练过程中，深度置信网络编码输入到顶层 RBM 单元后，将顶层的状态解码到最底层的单元中，可实现输入的重构。RBM 作为深度置信网络的结构单元，与每一层网络共享参数。

(3)堆栈自编码网络模型：堆栈自编码网络的结构与深度置信网络类似，

由若干结构单元堆栈组成，不同之处在于其结构单元为自编码模型而不是RBM。自编码模型是一个两层的神经网络，第一层称为编码层，第二层称为解码层。

2.1.5 深度学习训练

2006 年，杰弗里·辛顿(Geoffrey Hinton)等[15]提出了一个在非监督数据上建立多层神经网络的有效方法，具体分为两步：首先逐层构建单层神经元，这样每次都是训练一个单层网络；当所有层均训练完后，使用醒眠(wake-sleep)算法进行调优。

将除最顶层外的其他层间的权重变为双向的，这样最顶层仍然是一个单层神经网络，而其他层则变为了图模型。向上的权重用于“认知”，向下的权重用于“生成”。然后使用 wake-sleep 算法调整所有的权重，让“认知”和“生成”达成一致，也就是保证生成的最顶层表示能够尽可能正确地复原底层的节点。比如顶层的一个节点表示人脸，那么所有人脸的图像都能够激活这个节点，并且向下生成的图像应该能够表现为一个大概的人脸图像。wake-sleep 算法分为 wake 和 sleep 两个阶段。

wake 阶段：是指认知过程，即通过外界的特征和向上的权重产生每一层的抽象表示，并且使用梯度下降修改层间向下的权重。

sleep 阶段：是指生成过程，即通过顶层表示和向下的权重生成底层的状态，同时修改层间向上的权重。

(1)自下而上的非监督学习：自下而上的非监督学习就是从底层开始，一层一层地往顶层训练。采用无标定数据(有标定数据也可)分层训练各层参数，这一步可以看作是一个无监督训练过程，这也是和传统神经网络区别最大的部分，可以看作是特征学习过程。具体地，先用无标定数据训练第一层，训练时先学习第一层的参数。第一层可以看作是一个能使得输出和输入差别最小的三层神经网络的隐藏层，由于模型容量的限制以及稀疏性约束，使得到的模型能够学习到数据本身的结构，从而得到比输入更具有表示能力的特征。在学习得到第 $n-1$ 层后，将第 $n-1$ 层的输出作为第 n 层的输入，训练第 n 层，由此分别得到各层的参数。

(2)自上而下的监督学习：自上而下的监督学习通过带标签的数据去训

练神经网络，误差自上而下传输，对网络进行微调。基于第一步得到的各层参数进一步优化整个多层模型的参数，这一步是一个有监督训练过程。第一步类似神经网络的随机初始化初值过程，但这一步不是随机初始化过程，而是通过学习输入数据的结构得到初值，因而这个初值更接近全局最优，从而能够取得更好的训练效果。所以深度学习的良好效果在很大程度上归功于第一步特征学习的过程。

2.1.6 深度学习的应用领域

(1)计算机视觉：香港中文大学的多媒体实验室是最早应用深度学习进行计算机视觉研究的华人团队。在世界级人工智能竞赛——大规模人脸识别竞赛(LFW)上，该实验室曾力压脸书(Facebook)团队夺得冠军，使得人工智能在该领域的识别能力首次超越真人。

(2)语音识别：微软(Microsoft)研究人员通过与辛顿合作，首先将 RBM 和 DBN 引入语音识别声学模型训练中，并且在大词汇量语音识别系统中获得巨大成功，使得语音识别的错误率相对降低 30%。但是，深度神经网络(deep neural network, DNN)还没有有效的并行快速算法，很多研究机构都是在利用大规模数据语料的基础上通过 GPU 服务器提高 DNN 声学模型的训练效率。在国际上，国际商业机器公司(IBM)、谷歌 (Google)等公司都进行了 DNN 语音识别的研究，并且发展速度飞快。在国内，阿里巴巴、科大讯飞、百度、中国科学院自动化所等公司或研究单位也在进行基于深度学习的语音识别的研究。

(3)自然语言处理等其他领域：很多机构都在研究自然语言处理。2013 年，托马斯·米科洛夫(Tomas Mikolov)、陈凯(Kai Chen)、格雷戈·科拉多(Greg Corrado)、杰弗里·迪恩(Jeffrey Dean)发表论文《向量空间中词表示的高效估计》(*Efficient estimation of word representations in vector space*)，建立了 word2vector 模型[16]。与传统的词袋模型(bag of words)相比，word2vector 能够更好地表达语法信息。在自然语言处理等领域，深度学习主要应用于机器翻译以及语义挖掘等方面。2020 年，人们发现深度学习可以加速半导体封测创新。在降低重复性人工操作、提升管控精度和效率、降低检测成本方面，AI 深度学习驱动的自动光学检测(AOI)具有广阔的市场前景，但应用起来并不简单。2020 年 4 月 13 日，英国的《自然 · 机器智能》(*Nature Machine intelligence*)发表了一项医学与人工智能研究，瑞士科学家介绍了一种人工智能系统，可以在几秒之内扫描心血管血流。这个深度学习模型有望让临床医师在患者接受核磁共振扫描的同时，实时观察血流变化，从而优化诊断工作流程。

2.2　机器视觉技术

机器视觉技术是一门涉及人工智能、神经生物学、心理物理学、计算机科学、图像处理、模式识别等诸多领域的交叉学科。机器视觉技术主要利用计算机来模拟人的视觉功能，从客观事物的图像中提取信息，对其进行处理并加以理解，最终用于实际检测、测量和控制。机器视觉技术最大的特点是速度快、信息量大、功能多。

2.2.1　基本概念

广义上讲，机器视觉技术是指采用机器代替人眼来进行测量和判断的技术。机器视觉系统是指通过机器视觉产品(即图像摄取装置)抓取图像，然后将该图像传送至处理单元，通过数字化处理，根据像素分布和亮度、颜色等信息，来进行尺寸、形状、颜色等方面的判别，进而根据判别结果来控制设备动作的系统。机器视觉不同于计算机视觉，它涉及图像处理、人工智能和模式识别。

2.2.2　应用现状

一个典型的工业机器视觉应用系统包括如下部分：光源、镜头、摄像机、图像处理单元(或图像捕获卡)、图像处理软件、监视器、输入/输出单元等。首先，采用摄像机获得被测目标的图像信号，通过模/数(A/D)转换将其变成数字信号并传送给专用的图像处理系统，根据像素分布、亮度和颜色等信息，进行各种运算来抽取目标特征；然后，再根据预设的判别准则输出判断结果，进而控制驱动执行机构进行相应处理。

机器视觉技术是一项综合技术，其中包括数字图像处理技术、机械工程技术、控制技术、光源照明技术、光学成像技术、传感器技术、模拟与数字视频技术、计算机软硬件技术、人机接口技术等。机器视觉强调实用性，要求能够适应施工现场恶劣的环境，要有合理的性价比、通用的工业接口、较高的容错能力和安全性，并具有较强的通用性和可移植性。它更强调实时性，要求高速度和高精度。

机器视觉系统输出的不是图像视频信号，而是经过运算处理之后的检测结果，如尺寸数据。上位机［如计算机和可编程逻辑控制器（PLC）］实时获得检测结果后，指挥运动系统或输入/输出系统执行相应的控制动作，如定位和分选。依据机器视觉系统的运行环境分类，可分为基于计算机的机器视觉系统（PC-BASED 系统）和基于 PLC 的机器视觉系统（PLC-BASED 系统）。

基于计算机的机器视觉系统利用了其开放性、高度的编程灵活性和良好的 Windows 操作界面，同时具有总体成本较低的优点。以美国数据翻译（Data Translation）公司设计的机器视觉系统为例，该系统内含高性能图像捕获卡，一般可设置多个镜头。在配套软件方面，从低到高有多个层次，如 Windows95/98/NT 环境下 C/C＋＋编程用数据库模式定义语言（DLL）；可视化控件 ActiveX 可提供 VB 和 VC＋＋下的图形化编程环境；甚至 Windows 操作系统下的面向对象的机器视觉组态软件，用户可用它快速开发复杂、高级的应用软件。

在基于 PLC 的机器视觉系统中，视觉的作用更像一个智能化的传感器，图像处理单元独立于系统，通过串行总线和输入/输出系统与 PLC 交换数据。在系统硬件方面，一般利用高速专用集成电路（ASIC）或嵌入式计算机进行图像处理，系统软件固化在图像处理器中，通过类似于游戏键盘的简单装置对显示在监视器中的菜单进行配置，或在计算机上开发软件然后下载使用。基于 PLC 的机器视觉系统体现了可靠性高、集成化高、小型化、高速化、低成本的特点，代表厂商为日本松下电器产业株式会社、德国西门子公司等。

德国西门子公司在工业图像处理方面拥有超过 20 年的经验积累，SIMATIC VIDEOMAT 是第一个高性能的单色和彩色图像处理系统，并成为 SIMATIC 自动化系统中极重要的产品。而德国西门子公司于 1999 年推出的 SIMATIC VS 710 是业内第一个智能化的、一体化的、带 PROFIBUS 接口的、分布式的灰度级工业视觉系统，它将图像处理器、电荷耦合器件（CCD）、输入/输出系统集成在一个小型机箱内，提供 PROFIBUS 的联网方式（通信速率达 12 Mbps）或集成的输入/输出和 RS-232 接口。更重要的是，通过 Windows 操作系统下的 Pro Vision 参数化软件进行组态，SIMATIC VS 710 第一次将计算机的灵活性、PLC 的可靠性、分布式网络技术和一体化设计结合在一起，使得德国西门子公司在计算机和 PLC 体系之间找到了完美的平衡。

2.2.3　系统案例

机器视觉系统在质量检测的各个方面得到了广泛的应用，例如，采用激光扫描与 CCD 探测系统的大型工件平行度、垂直度测量仪，它以稳定的准直激光束为测量基线，配以回转轴系，通过旋转五角棱镜扫出互相平行或垂直的基准平面，将其与被测大型工件的各面进行比较。在加工或安装大型工件时，可用该仪器测量面间的平行度及垂直度。再如，螺纹钢外型轮廓尺寸探测器件以频闪光为照明光源，采用面阵和线阵 CCD 作为螺纹钢外形轮廓尺寸的探测器件，可实现热轧螺纹钢几何参数在线测量。

机器视觉系统还可用于实时监控轴承的负载和温度变化，消除过载和过热的危险；将传统上通过测量滚珠表面平整度以保证加工质量和安全操作的被动式测量变为主动式监控。

另外，还有系统以微波为信号源，结合微波发生器发出的不同波特率的方波来测量金属表面的裂纹。微波的频率越高，可测的裂纹越狭小。

总之，类似的实用机器视觉系统还有许多，此处不再一一概述。下面将详细地介绍八个常用机器视觉系统。

（1）基于机器视觉的仪表板总成智能集成测试系统：EQ140-Ⅱ汽车仪表板总成是我国某汽车公司生产的仪表产品，仪表板上安装有速度里程表、水温表、汽油表、电流表、信号报警灯等，其生产批量大，出厂前需要进行一次质量终检，检测项目包括速度里程表等五个仪表指针的指示误差、24 个信号报警灯和若干照明灯是否损坏或漏装。人工目测检查方法的误差大，可靠性差，不能满足自动化生产的需要。基于机器视觉的智能集成测试系统实现了对仪表板的智能化、全自动、高精度、快速质量检测，克服了人工检测所造成的各种误差，大大提高了检测效率。整个系统分为四个部分：为仪表板提供模拟信号源的集成化多路标准信号源、具有图像信息反馈定位功能的双坐标计算机数字控制(CNC)系统、摄像机图像获取系统和主从机平行处理系统。

(2)金属板表面自动探伤系统:许多器件对金属板的表面质量有很高的要求,但原始的采用人工目视或用百分表加控针的检测方法不仅易受主观因素的影响,而且可能会给被测金属板表面造成新的损伤。金属板表面自动探伤系统利用机器视觉技术对金属板表面缺陷进行自动检查,在生产过程中能高速、准确地进行检测,同时由于采用非接触式测量,避免了产生新损伤的可能。在此系统中,采用激光器作为光源,通过针孔滤波器滤除激光束周围的杂散光,扩束镜和准直镜使激光束变为平行光并以45°的入射角均匀照明被检查的金属板表面。金属板放在检验台上,检验台可在 X、Y、Z 三个方向上移动,摄像机采用 TCD142D 型 2048 线阵 CCD,镜头采用普通镜头。CCD 接口电路采用单片机系统。主机主要完成图像预处理及缺陷的分类或划痕的深度运算等,并可将检测到的缺陷或划痕图像在显示器上显示。CCD 接口电路和主机之间通过 RS-232 接口进行双向通信,结合异步 A/D 转换方式,构成人机交互式的数据采集与处理系统。

该系统主要利用线阵 CCD 的自扫描特性与被检查金属板 X 方向的移动相结合,取得金属板表面的三维图像信息。

(3)汽车车身检测系统:英国罗孚(Rover)汽车公司 800 系列汽车车身轮廓尺寸精度的 100%在线检测,是机器视觉系统用于工业检测中的一个较为典型的例子。该系统由 62 个测量单元组成,每个测量单元包括一台激光器和一个 CCD 摄像机,用以检测车身外壳上 288 个测量点。汽车车身置于测量框架下,通过软件校准车身的精确位置。测量单元的校准将会影响检测精度,因而受到特别重视。每个激光器/摄像机单元均在离线状态下经过校准,同时还有一个在线状态下用三坐标测量机校准过的校准装置,可对摄像机进行在线校准。

汽车车身检测系统以每 40 s 检测一个车身的速度,检测三种类型的车身。系统将检测结果与 CAD(计算机辅助设计)模型中的合格尺寸相比较,测量精度为±0.1 mm。英国罗孚汽车公司的质量检测人员用该系统来判别关键部分的尺寸一致性,如车身整体外形、车门、玻璃窗口等。实践证明,该系统能实现精准测量，并将用于英国罗孚汽车公司其他系列汽车的车身检测。

(4)纸币印刷质量检测系统：纸币印刷质量检测系统利用图像处理技术，通过对纸币生产流水线上的纸币 20 多项特征（号码、盲文、颜色、图案等）进行比较分析，检测纸币的质量，替代传统的人眼辨别的方法。

(5)智能交通管理系统：通过在交通要道放置摄像机，当有车辆违章（如闯红灯）时，摄像机将车辆的牌照拍摄下来，传输给中央管理系统，系统利用图像处理技术，对拍摄的图片进行分析，提取出车牌号并将其存储在数据库中，可以供管理人员进行检索。

(6)金相图像分析系统：金相图像分析系统能对金属或其他材料的基体组织、杂质含量、组织成分等进行精确、客观的分析，为产品质量检测提供可靠的依据。

(7)医疗图像分析：医疗图像分析包括血液细胞自动分类计数、染色体分析、癌细胞识别等。

(8)瓶装啤酒生产流水线检测系统：瓶装啤酒生产流水线检测系统可以检测啤酒是否达到标准的容量、啤酒标签是否完整等。

2.3　图像识别技术

图像识别过程可分为图像处理和图像识别两个部分，如图 2.1 所示。

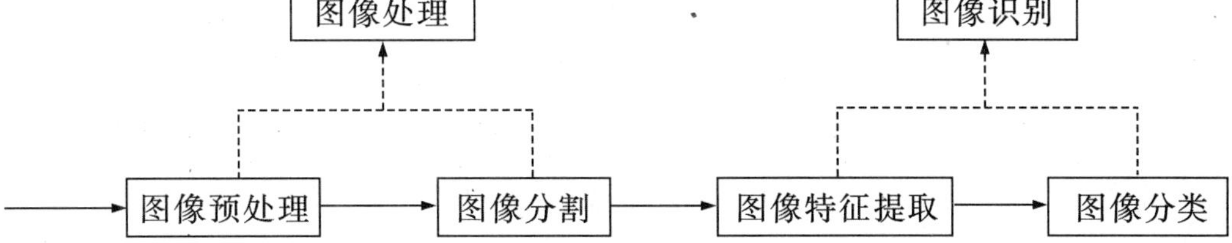

图 2.1　图像识别过程分类示意图

2.3.1　图像处理

图像处理是指利用计算机对图像进行分析，以达到所需的结果，其过程如图 2.2 所示。

（a）原图　（b）轮廓　（c）锐化　（d）压缩

图 2.2　图像处理过程

图像处理可分为模拟图像处理和数字图像处理两类，而本节中的图像处理一般指的是数字图像处理。数字图像处理大多依赖于软件实现，其目的是去除干扰、噪声，将原始图像转化为适于计算机进行特征提取的形式，主要包括图像采集、图像增强、图像复原、图像编码与压缩和图像分割。

(1)图像采集：图像采集是数字图像数据提取的主要方式。数字图像主要指借助数字摄像机、扫描仪、数码相机等设备采集，经过数字化处理而得到的图像，同时也包括一些可以转化为数字图像的动态图像。这些图像可以与文字、图形、声音一起存储在计算机内，显示在计算机的屏幕上。图像采集是将一个原始图像转换为适合计算机处理的形式的第一步。

(2)图像增强：在成像、采集、传输、复制等过程中，图像的存储质量或多或少会有一定的退化，数字化后的图像视觉效果不是十分理想。为了突出图像中的重点部分，使图像的主体结构更加明确，必须对图像进行改善，即图像增强。通过图像增强，可以减少图像中的噪声，改变原来图像的亮度、色彩分布、对比度等参数。图像增强提高了图像的清晰度、图像的质量，使图像中物体的轮廓更加清晰，细节更加明显。图像增强不考虑图像降质的问题，增强后的图像更加便于观察，也为后期的图像分析和图像理解奠定了基础。

(3)图像复原：图像复原也称“图像恢复”。获取图像时，环境噪声的影响、物体运动、光线变化等原因可能会使图像模糊，为了提取比较清晰的图像，需要对图像进行恢复。图像复原主要采用滤波方法。图像复原的另一种特殊技术是图像重建，该技术利用物体横剖面的一组投影数据重建图像。

(4)图像编码与压缩：数字图像的显著特点是数据量庞大，需要占用相当大的存储空间，但基于计算机网络带宽的大容量存储器无法进行数字图像的处理、存储、传输。为了能快速方便地在网络环境下传输图像或视频，必须对图像进行编码与压缩。

目前，图像编码与压缩已形成国际标准，如比较著名的静态图像压缩标准 JPEG，该标准主要针对图像的分辨率、彩色图像和灰度图像，适用于网络传输的数码照片等。由于视频可以被看作是一幅幅画面不同但又紧密相关的静态图像的时间序列，因此动态视频的单帧图像压缩可以应用静态图像的压缩标准。图像编码与压缩技术可以减少图像的冗余数据量和存储器容量，提高图像传输速度，缩短处理时间。

（5）图像分割：图像分割是把图像分成一些互不重叠而又具有各自特征的子区域，每一个子区域是像素的一个连续集，这里的特征可以是图像的颜色、形状、灰度和纹理等。图像分割根据目标与背景的先验知识将图像表示为物理上有意义的连通区域的集合，即对图像中的目标、背景进行标记、定位，然后把目标从背景中分离出来。目前，图像分割的方法主要有基于区域特征的分割方法、基于相关匹配的分割方法和基于边界特征的分割方法。由于采集图像时会受到各种条件的影响，图像因此变得模糊，导致图像分割比较困难。在实际的应用中，需根据物体条件的不同选择合适的图像分割方法。

2.3.2　图像识别

根据不同的条件完成图像处理后，接着就是图像识别的过程。图像识别可对经图像处理过的图像进行特征提取和特征分类，识别过程如图 2.3 所示。此时，运用的方法就是神经网络算法。神经网络系统是由大量的、简单的处理单元（称为“神经元”），按照某种方式相互连接而形成的复杂网络系统。虽然每个神经元的结构和功能十分简单，但由大量神经元构成的网络系统的行为却是丰富多彩且十分复杂的，它更像是人脑神经网络系统的简化、抽象和模拟。

传统的机器学习算法（这里特指符号处理）更侧重于模拟人的逻辑思维，而神经网络则侧重于模拟和实现人的认知过程中的感知过程、形象思维、分布式记忆和自学习、自组织过程，与符号处理是一种互补的关系。由于神经网络具有非线性映射逼近、大规模并行分布式存储和综合优化处理、容错性强、独特的联想记忆等特点以及自组织、自适应和自学习能力，因而特别适合处理需要同时考虑许多因素和条件的问题以及信息不确定性(模糊或不精确)问题。但是在实际应用中,神经网络算法对硬件要求较高,算法收敛速度慢、训练量大、训练时间长,且计算的思路倾向局部最优解,识别分类精度不稳定,难以适用于经常出现新模式的场合,因而对于神经网络系统的研究和深化也一直在不断地进行着。

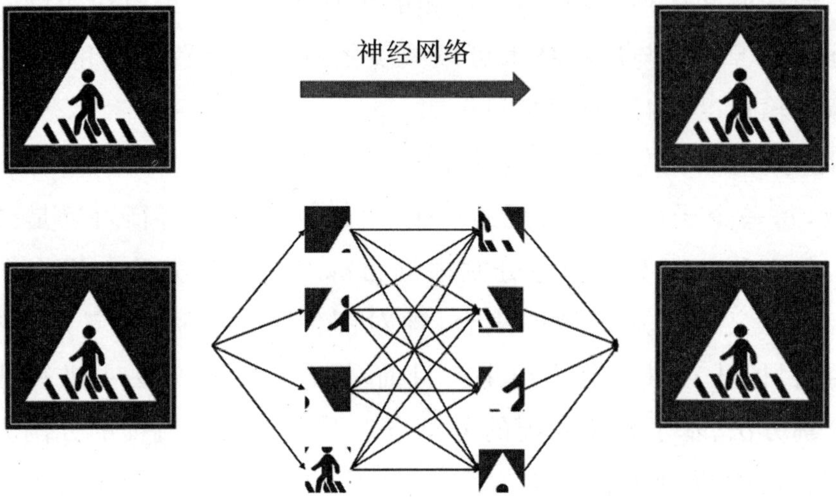

图 2.3　图像识别过程

2.4　神经网络模型

图像识别通常是通过基于神经网络的深度学习算法实现的,主要模型包括卷积神经网络、残差网络、残差收缩网络和全连接网络。

2.4.1　神经网络基础知识

神经网络是一种模拟人脑的神经网络以期能够实现类人工智能的机器学习技术。人脑中的神经网络是一个非常复杂的组织,成人的大脑中约有 1 000 亿个神经元。

2.4.1.1　神经元模型

神经元是神经网络的最小单元。对于神经元的研究由来已久,1904 年生物学家就已经知晓了神经元的组成结构。

一个神经元通常具有多个树突，树突主要用来接受传入信息；而轴突只有一条，轴突尾端的轴突末梢可以给其他多个神经元传递信息。轴突末梢跟其他神经元的树突产生连接，从而传递信号，这个连接的位置在生物学上叫作“突触”。人脑中的神经元结构如图 2.4 所示。

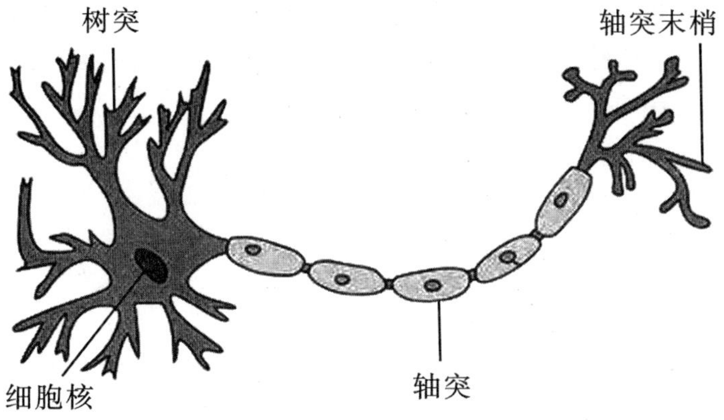

图 2.4　人脑中的神经元结构

神经元模型是一个包含输入、输出与计算功能的模型。输入可以类比为神经元的树突，而输出可以类比为神经元的轴突，计算则可以类比为细胞核。

图 2.5 是一个典型的人工神经元模型，包含有 3 个输入、1 个输出以及 2 个计算功能，中间的箭头线被称为“连接”。连接是神经元中最重要的东西，每个连接上有一个“权值”。一个神经网络的训练算法就是将权值调整到最佳，以使得整个网络的预测效果最好。

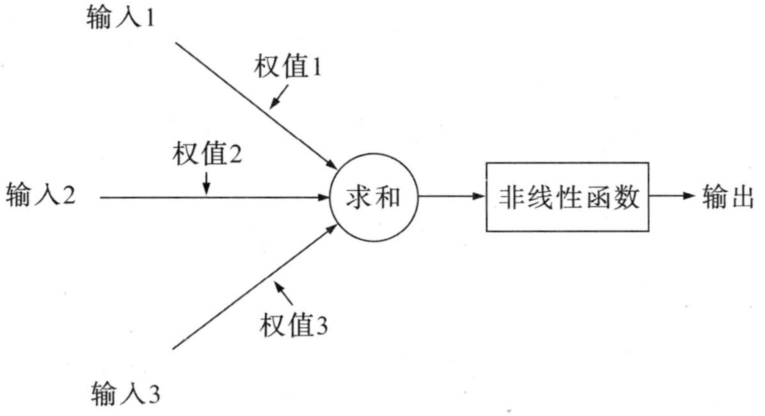

图 2.5　人工神经元模型

下面对神经元模型进行一些扩展，如图 2.6 所示。首先，将 sum()函数与 sgn()函数合并到一个圆圈里，代表神经元的内部计算。其次，把输入 a_1、a_2、a_3 与输出 z 写到对应连接线的左上方，把权值 w_1、w_2、w_3 写到对应连接线旁边，以便于后面画复杂的网络。最后说明，一个神经元可以引出多个代表输出的有向箭头，但值都是一样的。神经元可以看作一个计算与存储单元：计算是指神经元对其输入的信息进行计算；存储是指神经元会暂存计算结果，并传递到下一层。

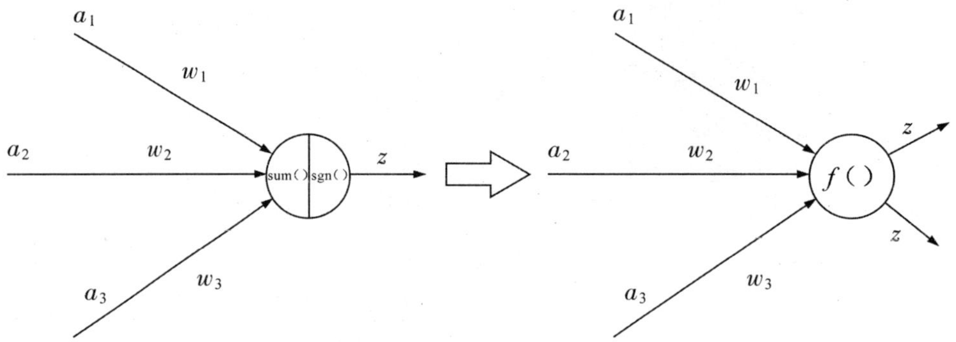

图 2.6　神经元扩展

2.4.1.2　双层神经网络(感知器)

1958 年，计算科学家弗兰克·罗森布拉特(Frank Rosenblatt)[17] 提出了由两层神经元组成的神经网络，并给它起了一个名字——感知器(perceptron)。

感知器是当时首个可以学习的人工神经网络。Rosenblatt 现场演示了感知器学习和识别简单图像的过程，在当时引起了轰动。人们认为已经发现了智能的奥秘，许多学者和科研机构纷纷投入到神经网络的研究中。美国大力资助了神经网络的研究，并认为神经网络比“原子弹工程”更重要。这段研究热潮直到 1969 年才结束，这个时期可以看作神经网络研究的第一次高潮。

在原来的神经网络模型的“输入”位置添加神经元节点，并标记为“输入单元”，其余部分保持不变，于是就有了图 2.7 所示的双层神经网络。从图 2.7 开始，将权值 w_1、w_2、w_3 标注到连接线的中间。

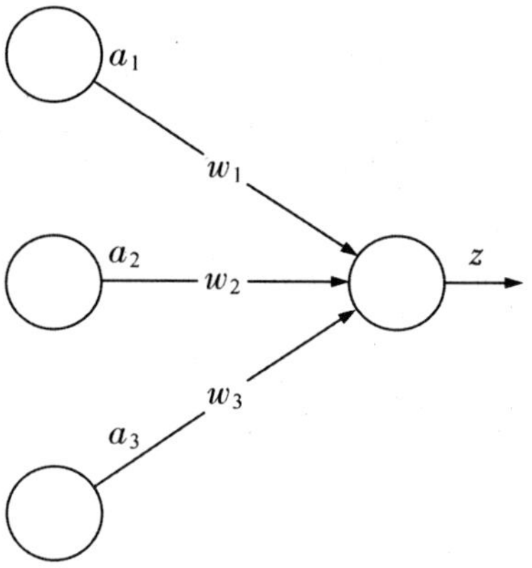

图 2.7　双层神经网络

在感知器中有两个层次,分别是输入层和输出层。输入层里的"输入单元"只负责传输数据,不进行计算。输出层里的"输出单元"则需要对前面一层的输入进行计算。把需要计算的层次称为"计算层",有的文献把拥有一个计算层的网络称为"单层神经网络"。而本书按照神经网络拥有的层数来命名,把感知器称为"双层神经网络"。假如要预测的目标不再是一个值,而是一个向量,例如参考文献[2]和[3]中的情况。那么可以在输出层再增加一个"输出单元",如图 2.8 所示。

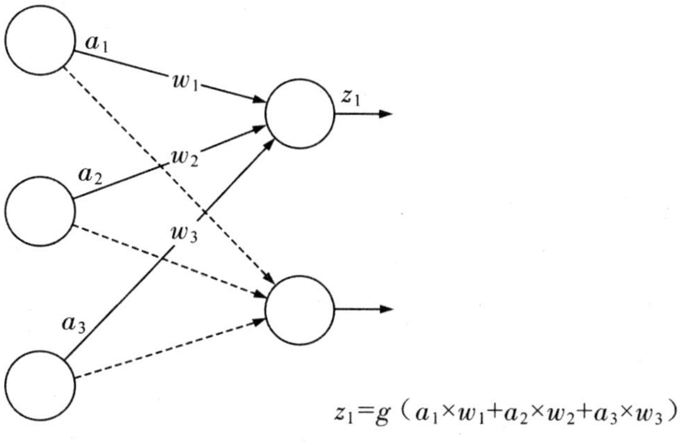

(a)输出 z_1

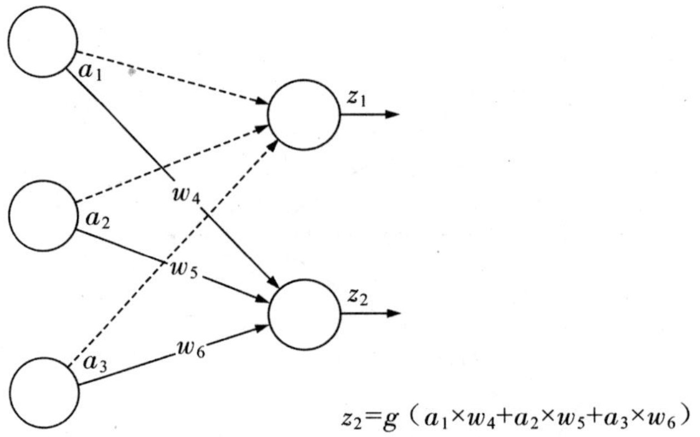

(b)输出 z_2

图 2.8　双输出神经网络

可以看到，z_1 和 z_2 的计算方式跟原先的 z 并没有区别。但是，目前的表达公式有一点让人不满意，因为权值 w_4、w_5、w_6 是后来加的，很难表现出它们与原先权值 w_1、w_2、w_3 的关系。因此，改用二维的下标表示，即用 $w_{x,y}$ 来表达一个权值，下标中的 x 代表后一层神经元的序号，而 y 代表前一层神经元的序号（序号按从上到下的顺序排列）。例如，$w_{1,2}$ 代表后一层的第 1 个神经元与前一层的第 2 个神经元之间连接的权值。根据以上方法进行标记后，改进的双输出神经网络如图 2.9 所示。

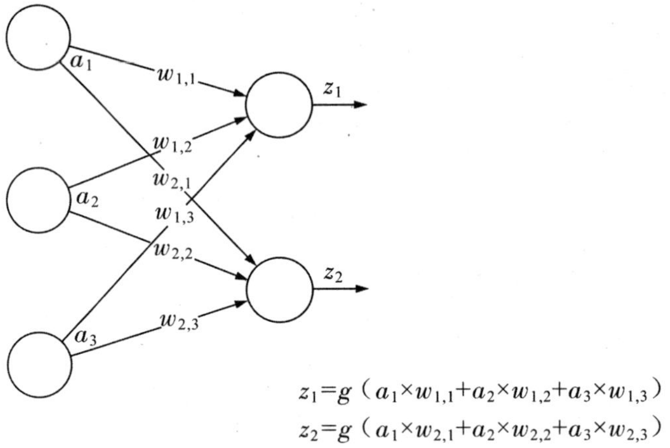

图 2.9　改进的双输出神经网络

2.4.1.3　三层神经网络（多层感知器）

明斯基（Minsky）曾指出，单个计算层的神经网络无法解决异或问题。但是当增加一个计算层以后，两个计算层的神经网络不仅可以解决异或问题，而且具有非常好的非线性分类能力。但两个计算层的神经网络的计算复杂是一个严重的问题，且没有一个较好的解决办法。

1986 年，鲁梅尔哈特（Rumelhart）和辛顿（Hinton）等[18]提出了反向传播（backpropagation，BP）算法，解决了两个计算层的神经网络计算量过大的问题，从而掀起了研究双层神经网络的热潮。目前，大量讲授神经网络的教材都重点介绍了两个计算层（带一个隐藏层）的神经网络的内容。

三层神经网络除了包含一个输入层和一个输出层外，还增加了一个中间层。此时，中间层和输出层都是计算层。通过扩展单层神经网络，即在最右边新加一个层次（只含有一个节点），权值矩阵增加到两个，可用上标来区分不同层次之间的变量。例如，$a_x^{(y)}$ 代表第 y 层的第 x 个节点，z_1、z_2 变成了 $a_1^{(2)}$、$a_2^{(2)}$。图 2.10 给出了 $a_1^{(2)}$、$a_2^{(2)}$ 的计算公式。

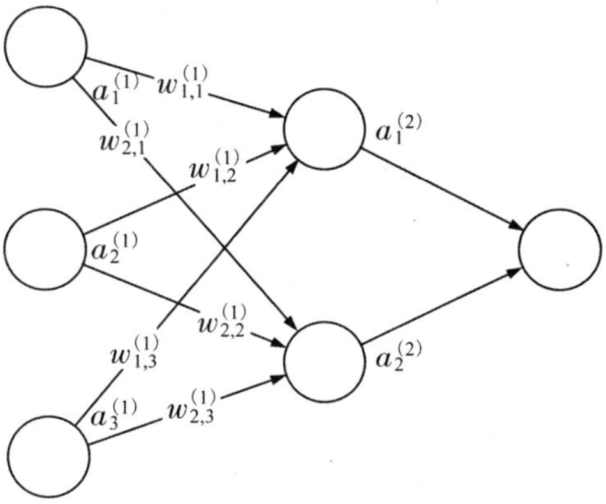

$$a_1^{(2)}=g\,(a_1^{(1)}\times w_{1,1}^{(1)}+a_2^{(1)}\times w_{1,2}^{(1)}+a_3^{(1)}\times w_{1,3}^{(1)})$$

$$a_2^{(2)}=g\,(a_1^{(1)}\times w_{2,1}^{(1)}+a_2^{(1)}\times w_{2,2}^{(1)}+a_3^{(1)}\times w_{2,3}^{(1)})$$

图 2.10　中间层计算

最终输出 z 是利用中间层的 $a_1^{(2)}$、$a_2^{(2)}$ 和第二个权值矩阵计算得到的，如图 2.11 所示。

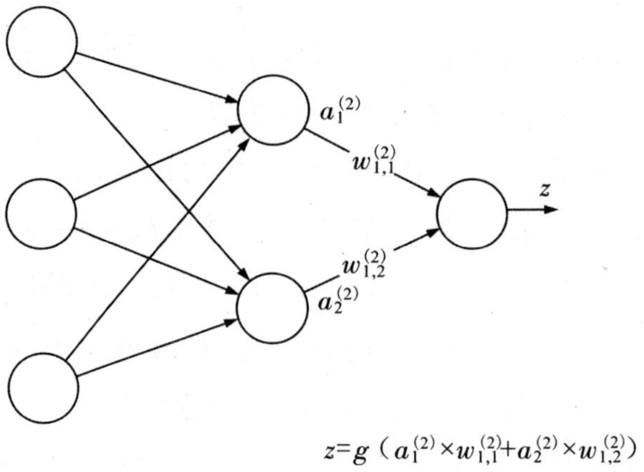

图 2.11　输出层计算

假设预测目标是一个向量，那么与前面类似，只需要在输出层再增加节点即可。使用向量和矩阵来表示层次中的变量的示例如图 2.12 所示，其中，$\boldsymbol{a}^{(1)}$、$\boldsymbol{a}^{(2)}$、$\boldsymbol{z}$ 是网络中传输的向量数据，$\boldsymbol{W}^{(1)}$ 和 $\boldsymbol{W}^{(2)}$ 是网络的矩阵参数。

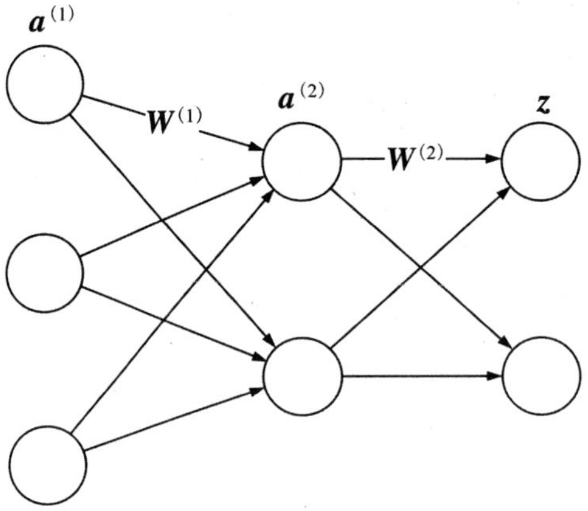

图 2.12　输出为向量形式

使用矩阵运算来表达整个计算，公式如下：

$$g(\boldsymbol{W}^{(1)}\times\boldsymbol{a}^{(1)})=\boldsymbol{a}^{(2)} \tag{2.1}$$

$$g(\boldsymbol{W}^{(2)}\times\boldsymbol{a}^{(2)})=\boldsymbol{z} \tag{2.2}$$

由此可见，使用矩阵运算来表达神经网络算法是很简洁的，而且也不会受到节点数增多的影响（无论有多少节点参与运算，乘法运算的两端都只有一个变量）。因此，神经网络的教程中大量使用矩阵运算来描述算法。

需要说明的是，迄今为止，对神经网络结构图的讨论中都没有提到偏置节点(bias unit)。事实上，这些节点是默认存在的。偏置节点本质上是一个只具备存储功能且存储值永远为 1 的单元。在神经网络的每个层次中，除了输出层外，都会含有这样一个偏置单元。与线性回归模型和逻辑回归模型类似，偏置单元与后一层的所有节点都有连接，设这些连接的参数值为向量 $\boldsymbol{b}$(称之为偏置)，如图 2.13 所示。

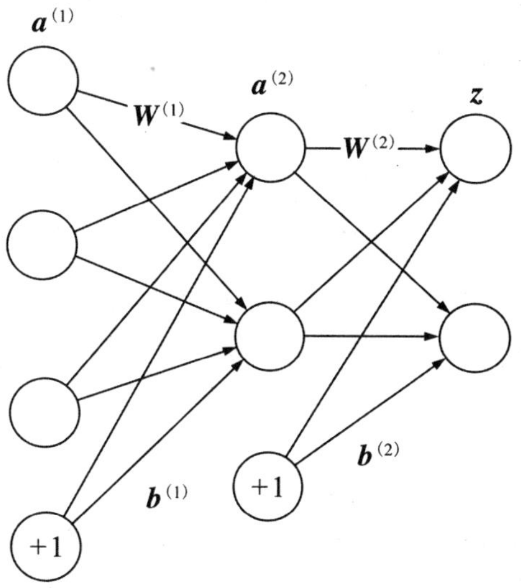

图 2.13　偏置单元

可以看出，偏置节点很好认，因为它没有输入(前一层中没有箭头指向它)。有些神经网络的结构图中会把偏置节点明显表示出来，有些不会。一般情况下，不会明确表示出偏置节点。

在考虑了偏置以后，神经网络的矩阵运算公式如下：

$$g(\boldsymbol{W}^{(1)} \times \boldsymbol{a}^{(1)} + \boldsymbol{b}^{(1)}) = \boldsymbol{a}^{(2)} \tag{2.3}$$

$$g(\boldsymbol{W}^{(2)} \times \boldsymbol{a}^{(2)} + \boldsymbol{b}^{(2)}) = \boldsymbol{z} \tag{2.4}$$

需要说明的是，在三层神经网络中，不再使用 sgn()函数作为函数 $g()$，而是使用平滑函数 sigmoid()作为函数 $g()$。函数 $g()$也称作“激活函数”(active function)。事实上，神经网络的本质就是通过参数与激活函数来拟合特征与目标之间的真实函数关系。构建一个神经网络最需要的是线性代数库。

下面简单介绍三层神经网络的训练过程。在 Rosenblatt 提出的感知器模型中，模型中的参数可以被训练，但是使用的方法较为简单，并没有使用目前机器学习中通用的方法，这导致其扩展性与适用性都非常有限。从三层神经网络开始，神经网络的研究人员便开始使用机器学习相关的技术进行神经网络的训练，例如用大量的数据（1 000～10 000 个）、使用算法进行优化等，从而使得模型训练可以获得性能与数据利用上的双重优势。

机器学习模型训练的目的是尽可能地逼近真实的模型。具体做法如下：首先给所有参数赋上随机值，使用这些随机生成的参数值来预测训练数据中的样本。样本的预测目标为 y^p，真实目标为 y。那么，定义一个值 loss，计算公式如下：

$$\text{loss}=(y^p-y)^2 \tag{2.5}$$

loss 称为“损失”，我们的目标就是使所有训练数据的损失和尽可能小。

如果将先前神经网络预测的矩阵公式带入 y^p 中（因为有 $z=y^p$），那么可以把损失写成与参数有关的函数，这个函数称为“损失函数”（loss function）。下面的问题就是如何优化参数，使损失函数的值最小。

此时这个问题就被转化为一个优化问题。解决这个优化问题的方法有高等数学中的求导，但是由于参数不止一个，求导后计算导数等于 0 的运算量很大，所以通常采用梯度下降算法。梯度下降算法是先计算参数在当前位置的梯度，然后让参数向着梯度的反方向前进一段距离，不断重复此过程，直到梯度接近零为止。一般这个时候，所有的参数都恰好达到使损失函数的值最小的状态。

在神经网络模型中，由于结构复杂，每次计算梯度的代价很大，因此还需要使用反向传播算法。反向传播算法利用神经网络的结构进行计算，不是一次性计算所有参数的梯度，而是从后往前逐层计算。首先计算输出层的梯度，然后是第二个参数矩阵的梯度，接着是中间层的梯度，再然后是第一个参数矩阵的梯度，最后是输入层的梯度。计算结束以后，所要的两个参数矩阵的梯度就都有了。

反向传播算法可通过图 2.14 直观展示。梯度的计算从后往前，逐层反向传播。前缀 E 表示相对导数。

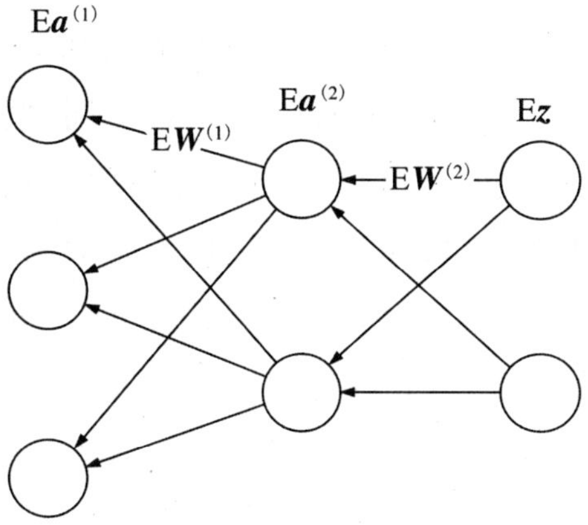

图 2.14　反向传播算法示意图

在此需要说明的是，尽管早期神经网络的研究人员努力从生物学中得到启发，但从 BP 算法开始，研究者们更多地从数学上寻求问题的最优解。不再盲目模拟人脑网络是神经网络研究走向成熟的标志，正如科学家们可以从鸟类的飞行中得到启发，但无需完全模拟鸟类的飞行方式也能制造飞机一样。

优化问题只是训练的一部分。机器学习问题之所以称为学习问题，而不是优化问题，是因为它不仅要求数据在训练集上求得一个较小的误差，在测试集上也要表现良好。因为模型最终是要部署到没有训练数据的真实场景中。提升模型在测试集上的预测效果叫作泛化(generalization)，相关方法被称作正则化(regularization)。神经网络中常用的泛化技术有权重衰减等。

2.4.1.4　多层神经网络(深度学习)

三层神经网络在多个地方的应用说明了其效用与价值，困扰神经网络研究的异或问题也被轻松解决。神经网络在这个时候已经可以应用于语音识别、图像识别、自动驾驶等多个领域，但是其仍然存在若干问题。尽管使用了 BP 算法，但进行一次神经网络训练仍然耗时太久，而且困扰训练优化的一个问题是局部最优解问题，这使得神经网络的优化较为困难。同时，隐藏层的节点数还需要手动调参，使用不太方便，工程和研究人员对此并不满意。

20 世纪 90 年代中期，由万普尼克(Vapnik)等[19]发明的支持向量机(support vector machines，SVM)算法诞生，很快就在若干个方面体现出其优势：无需调参、高效、具有全局最优解。基于以上种种理由，SVM 算法迅速成为了主流算法。

2006 年，Hinton 在《科学》(*Science*)和相关期刊上发表了论文，首次提出了“深度信念网络”的概念。与传统的训练方式不同，“深度信念网络”有一个“预训练”(pre-training)的过程，这可以使神经网络中的权值找到一个接近最优解的值，之后再使用“微调”(fine-tuning)技术来对整个网络进行优化训练。该技术的运用大幅度减少了训练多层神经网络的时间。Hinton 给多层神经网络相关的学习方法赋予了一个新名词——深度学习。很快，深度学习在语音识别领域崭露头角。接着，2012 年，深度学习技术又在图像识别领域大展拳脚。Hinton 与他的学生在 ImageNet 竞赛中，用多层的卷积神经网络成功地对包含 1 000 个类别的 1 000 000 张图片进行了训练，取得了分类错误率约 15%的好成绩，这个成绩比第二名高了近 11 个百分点，充分证明了多层神经网络在识别效果上的优越性。在这之后，关于“深度信念网络”的研究与应用不断涌现。

在三层神经网络输出层的后面继续添加层次，原来的输出层变成中间层，新加的层次成为新的输出层，可以得到图 2.15 所示的多层神经网络。

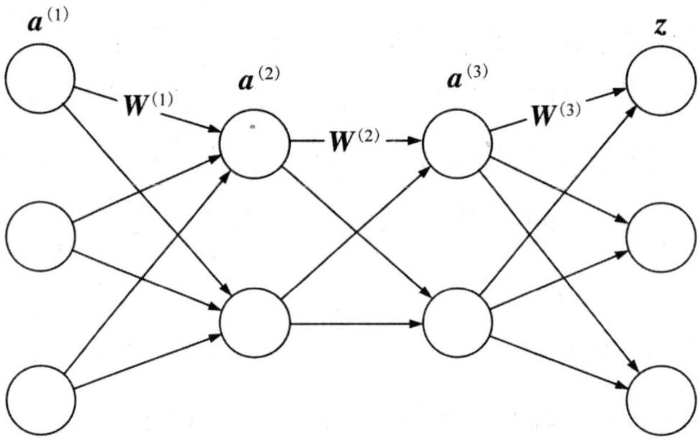

图 2.15　多层神经网络示意图

依照这样的方式不断添加，可以得到更多层的多层神经网络。公式推导跟双层神经网络类似，若使用矩阵运算，则仅仅是加一个公式而已。

在已知输入为 $\boldsymbol{a}^{(1)}$，参数为 $\boldsymbol{W}^{(1)}$、$\boldsymbol{W}^{(2)}$、$\boldsymbol{W}^{(3)}$ 的情况下，输出 $\boldsymbol{z}$ 的推导公式如下：

$$g(\boldsymbol{W}^{(1)} \times \boldsymbol{a}^{(1)}) = \boldsymbol{a}^{(2)} \tag{2.6}$$

$$g(\boldsymbol{W}^{(2)} \times \boldsymbol{a}^{(2)}) = \boldsymbol{a}^{(3)} \tag{2.7}$$

$$g(\boldsymbol{W}^{(3)} \times \boldsymbol{a}^{(3)}) = \boldsymbol{z} \tag{2.8}$$

在多层神经网络中，输出也是按照逐层计算的方式得到的。从最外层开始，算出所有单元的值以后，再继续计算更深一层。只有当前层所有单元的值都计算完毕以后，才会计算下一层。这个过程有点像计算向前不断推进，所以叫作“正向传播”。

与三层神经网络不同，多层神经网络随着层数增加，每一层对于前一层的抽象表示更深入。在神经网络中，每一层神经元学习到的是前一层神经元值的更抽象的表示。例如，第一个隐藏层学习到的是“边缘”的特征，第二个隐藏层学习到的是由“边缘”组成的“形状”的特征，第三个隐藏层学习到的是由“形状”组成的“图案”的特征，最后的隐藏层学习到的是由“图案”组成的“目标”的特征。通过抽取更抽象的特征来对事物进行区分，神经网络可以获得更好的区分与分类能力。

关于逐层特征学习的例子，可以参考图 2.16。

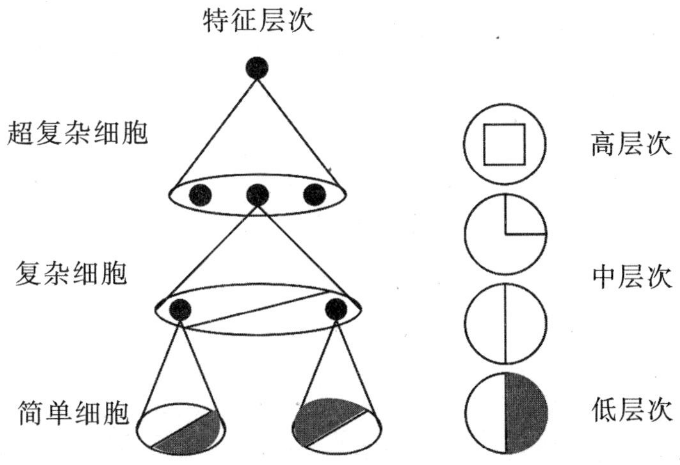

图 2.16　多层神经网络(逐层特征学习)

随着层数的增加，整个网络的参数也增多，其函数模拟能力也更强。而神经网络的本质就是模拟特征与目标之间的真实关系函数，更多的参数意味着其模拟的函数更加复杂，可以有更多的容量(capacity)去拟合真正的关系。

通过研究发现，在参数数量一样的情况下，深层的神经网络往往具有比浅层的神经网络更高的识别效率。这点也在 ImageNet 的多次大赛中得到了证实。从2012年起，每年获得ImageNet冠军的深度神经网络的层数逐年增加，2015年的GoogleNet是一个多达22层的神经网络。

在双层神经网络中，使用的激活函数是sgn()函数。而在三层神经网络中，使用最多的激活函数是sigmoid()函数。到了多层神经网络中，通过一系列的研究发现，ReLU()函数在训练多层神经网络时更容易收敛，并且预测性能更好。因此，目前在深度学习中，最流行的非线性函数是ReLU()函数。ReLU()函数不是传统的非线性函数，而是分段线性函数，其表达式非常简单，就是 $y=\max(x,0)$。简而言之，当 $x>0$ 时，输出就是输入，而当 $x<0$ 时，输出保持为0。这种函数的设计灵感来自生物神经元对于激励的线性响应，以及当激励低于某个阈值后神经元就不再响应的特性。

在多层神经网络中，训练的主题仍然是优化和泛化。当使用足够强的计算芯片（例如GPU图形加速卡）时，梯度下降算法以及反向传播算法在多层神经网络的训练中仍然表现良好。目前学术界主要的研究既在于开发新的算法，也在于对这两个算法进行不断的优化，例如，有研究人员设计了一种带动量因子（momentum）的梯度下降算法。

在深度学习中，泛化技术变得比以往更加重要。这主要是因为神经网络的层数增加了，参数也增加了，表示能力大幅度增强，很容易出现过拟合现象。因此，正则化技术就显得十分重要。目前，Dropout技术和数据扩容（data augmentation）技术是使用最多的正则化技术。

2.4.2 全连接神经网络

全连接神经网络模型是一种多层感知机（MLP），感知机的原理是寻找类别间最合理、最具有鲁棒性的超平面，最具代表性的感知机是支持向量机。神经网络同时借鉴了感知机和仿生学的原理。通常来说，动物神经接收一个信号后，会将其发送给各个神经元，各个神经元接收输入信号后会根据自身情况进行判断，激活并汇总输出信号，从而实现对信息源的识别、分类。CNN、RNN、LSTM等深度学习网络都是基于全连接神经网络发展而来，其最基础的原理均源于反向传播算法。

图2.17是典型的全连接神经网络模型，有时也被称作深度神经网络，其中输入为 $x_1,x_2,\cdots,x_j,\cdots,x_n$，输出为 $o_1,o_2,\cdots,o_n$。与传统的感知机不同，

全连接神经网络的每个节点和下一层所有节点都有运算关系，这就是名称中"全连接"的含义，其中间层也被称为隐藏层，全连接神经网络通常有多个隐藏层，增加隐藏层可以更好地分离数据的特征，但过多的隐藏层也会增加训练时间以及产生过拟合。

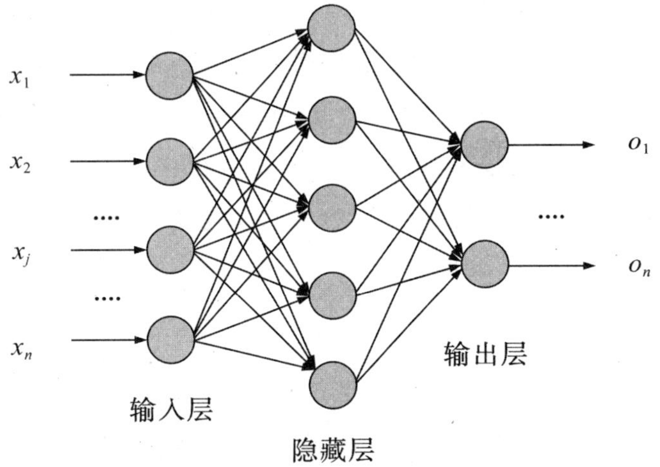

图 2.17　全连接神经网络模型

输入数据是一个 n 维向量，隐藏层有 5 个结点，意味着通过线性映射可将 n 维向量映射为一个 5 维向量，最后再变为一个 2 维向量输出。当原输入数据是线性不可分时，全连接神经网络是通过激活函数产生出非线性输出的，常见的激活函数有 sigmoid()、tanh()和 ReLU()等。

全连接神经网络训练分为前向传播、后向传播两个过程：前向传播是指数据沿输入到输出传播的过程，在这个过程中会计算损失函数值；后向传播则是一个优化过程，利用梯度下降算法减小前向传播产生的损失函数值，从而优化、更新参数。

神经网络的训练是有监督的学习，也就是输入 x 有着与之对应的真实值 y，神经网络的输出值与真实值 y 之间的损失就是网络反向传播的值。整个网络的训练过程就是不断缩小损失的过程。

然后就是求解过程，可以将整个求解过程看作下山过程（求偏导过程）：先初始化自己的初始位置，然后不断地往下走（迭代），当逐渐接近山底时，每次迭代更新的步伐越来越小，损失值也就越来越小，直到达到某个阈值或迭代次数时，停止训练，这样就得到要求的解。

2.4.3 卷积神经网络

卷积神经网络是一种包含卷积(convolution)计算且具有深度结构的前馈神经网络，最开始被用于手写数字识别，后来也被用于具体实物物体的识别。

图 2.18 所示的是一个简单的卷积神经网络，第一层输入图片，进行卷积操作，得到第二层深度为 3 的特征图(feature map)。对第二层的特征图进行池化(pooling)操作，得到第三层深度为 3 的特征图。重复上述操作得到第五层深度为 5 的特征图，最后将这 5 个特征图，也就是 5 个矩阵，按行展开并连接成向量，传入全连接层，全连接层就是一个 BP 神经网络。图 2.18 中的每个特征图都可以看成是排列成矩阵形式的神经元，与 BP 神经网络中的神经元大同小异。

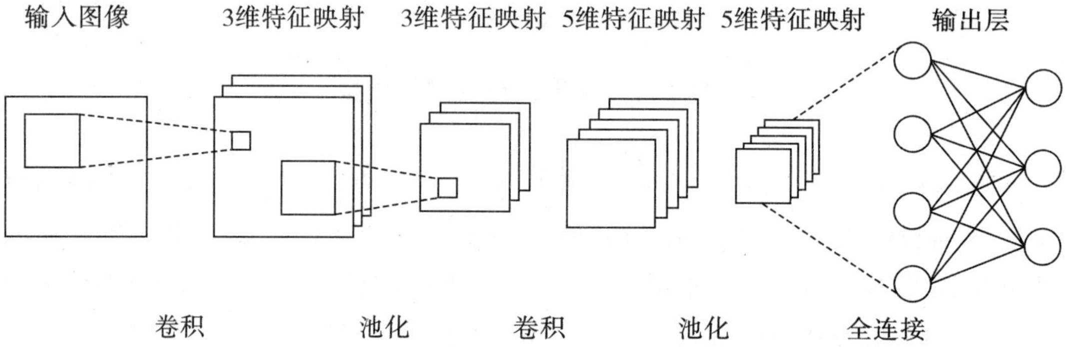

图 2.18 卷积神经网络

2.4.4 循环神经网络

与卷积神经网络相比，面对时序(sequence)数据时，全连接神经网络捕捉数据显得力不从心。因此，研究人员设计了一个以序列数据为输入，在序列的演进方向进行递归(recursion)且所有节点(循环单元)按链式连接的递归神经网络(recursive neural network)，即循环神经网络。

普通的全连接神经网络的每一个节点都与上一层的所有节点相连，用来把前边提取到的特征综合起来。由于其全部相连的特性，一般全连接层的参数也是最多的。

循环神经网络的结构与全连接神经网络类似,也具有输入层、隐藏层、输出层,循环神经网络总体结构如图 2.19 所示。

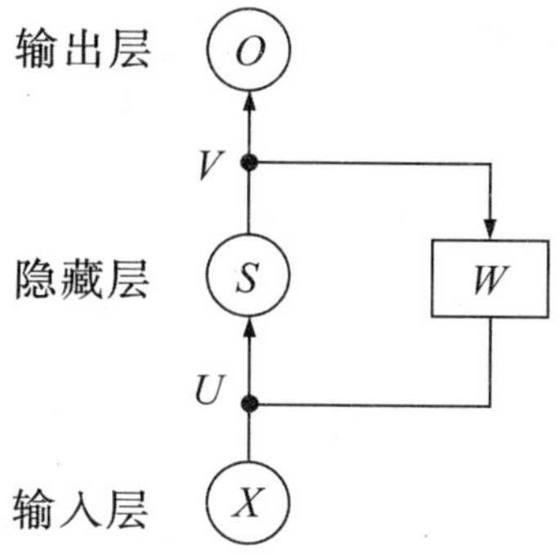

图 2.19　循环神经网络总体结构

循环神经网络与全连接神经网络的不同之处是:循环神经网络实际上是神经网络在时间维度上的拓展,可将其视为在时间维度上将同一网络结构堆叠起来,对每一时间步的数据均以同一结构进行处理。图 2.20 展示了一个简单的循环神经网络结构,其中 T 为时间步。循环神经网络由于引入了时间维度,导致其拓扑结构复杂,为易于讨论,将其结构展开后再定义部分结构,如图 2.21 所示。

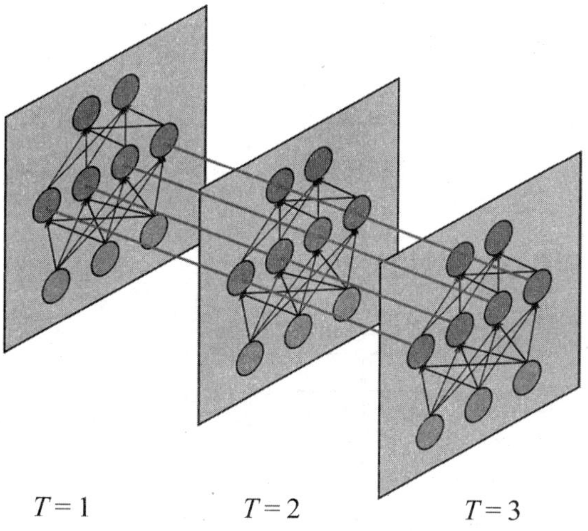

图 2.20　循环神经网络立体图

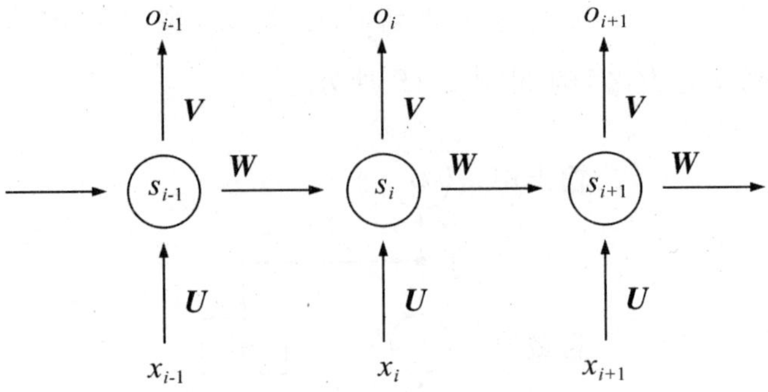

图 2.21　循环神经网络展开图

在图 2.21 中，x_i 表示输入信号，o_i 表示输出信号，$\boldsymbol{U}$ 是输入层到隐藏层的参数矩阵，s_i 是隐藏层的元素，$\boldsymbol{V}$ 是隐藏层到输出层的参数矩阵，$\boldsymbol{W}$ 是每个时间点之间的权重矩阵。

2.4.5　残差网络

残差网络是指将网络中的某些激活函数输出复制，并通过一个快捷路径与若干层之后的进入激活函数之前的数值相加，得到的结果再进入非线性激活函数，如图 2.22 所示。

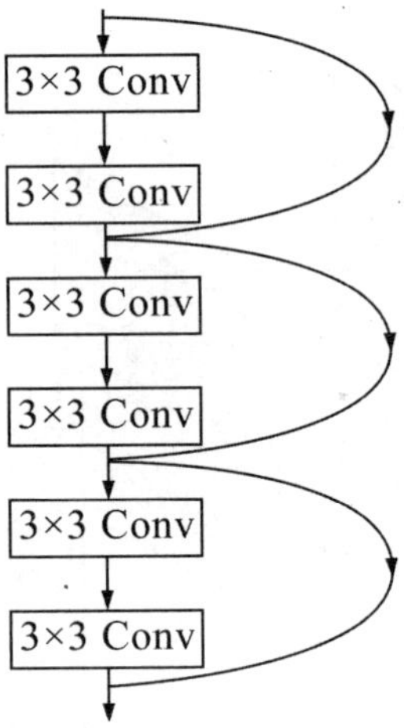

图 2.22　残差网络

残差网络是一种添加了跨层路径的卷积神经网络，其训练难度显著降低。在实践中，可以通过多次构建残差块来训练那些深度非常大的网络。

理论上，网络深度越大，对训练集的拟合程度越高（即误差越小），但在实际训练中，太深的网络难以训练，往往会导致更大的误差。而加上残差以后，就可以帮助解决梯度消失和爆炸的问题，神经网络的性能就能在层次更深的情况下保持提升。

深度残差收缩网络（deep residual shrinkage network，DRSN）是一种人工智能算法，它是深度残差网络（residual network，ResNet）的一种改进版本。将软阈值化操作作为非线性层引入深度残差网络的网络结构中，其目的是提高深度学习方法在含噪声数据或复杂数据上的特征学习效果。在数据面临强噪声干扰时，深度残差收缩网络能够通过自适应软阈值化，减轻噪声的影响。

深度残差收缩网络的结构如图 2.23 所示。在深度残差网络的基础上，深度残差收缩网络引入了一个小型的子网络，用这个子网络学习可得到一组阈值，利用这些阈值可对特征图的各个通道进行软阈值化。这个过程其实可以看成一个可训练的特征选择的过程。具体而言，前面的卷积层将重要的特征转换成绝对值较大的值，将冗余信息所对应的特征转换成绝对值较小的值；通过子网络学习可得到二者之间的界限，并且通过软阈值化可将冗余特征设置为零，同时使重要的特征有着非零的输出。

在虚线内的子网络中，首先对输入特征图内的所有元素取绝对值，然后经过全局均值池化和求平均，就得到了一组特征。为了方便描述，将这组特征记为 A。在另一条路径中，将全局均值池化之后的特征输入到一个小型的全连接网络之中。这个全连接网络以一个激活函数 sigmoid() 作为最后一步操作，其目的在于将输出调整到 0 和 1 之间，记为 α。最终的阈值就是 $\alpha \times A$。这样的话，阈值就是一组 0 和 1 之间的数字乘以特征图的绝对值的平均值。通过这种方式，深度残差收缩网络保证了阈值不仅为正数，而且不会太大。

最后，通过堆叠一定数量的基本模块，并结合卷积层、批标准化、激活函数、全局均值池化以及全连接输出层等，就得到了完整的深度残差收缩网络。

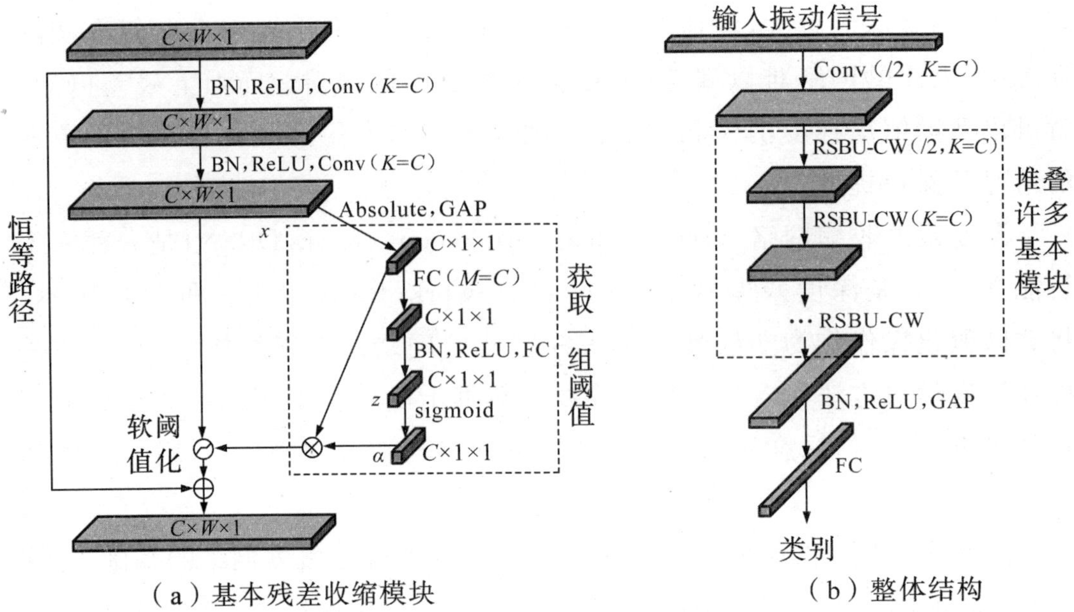

图 2.23　深度残差收缩网络的结构

2.5　BP 算法

2.5.1　BP 算法概述

BP 算法是 1986 年以麦克莱兰(McClelland)和鲁梅尔哈特(Rumelhart)[20]为首的科学家提出的概念,是一种按照误差逆向传播算法训练的多层前馈神经网络,一般情况下,BP 算法的结构如图 2.24 所示。

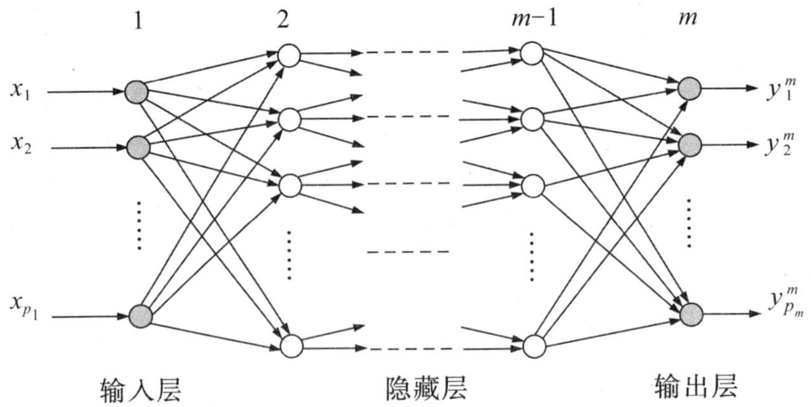

图 2.24　BP 算法的结构

BP 算法是目前使用较为广泛的一种参数学习算法。它的基本思想是：学习过程由信号的正向传播（求损失）与误差的反向传播（误差回传）两个过程组成。

BP 算法基本原理如下：

(1)正向传播（求损失）：在这个过程中，根据输入的样本、给定的初始化权重值 W 和偏置项的值 b，计算最终输出值以及输出值与实际值之间的损失值。如果损失值不在给定的范围内，则进行反向传播，否则停止 W 和 b 的更新。

(2)反向传播（回传误差）：将输出以某种形式通过隐藏层向输入层逐层反向传递，并将误差分摊给各层的所有单元，从而获得各层单元的误差信号，此误差信号可作为修正各单元权值的依据。

由于 BP 算法通过传递误差值 δ 来更新求解权重值 W 和偏置项的值 b，所以 BP 算法也常常被叫作 δ 算法。

2.5.2　算法实现

用编程语言实现 BP 算法的步骤如下：

(1)初始化，用小的随机数给各权值和阈值赋初值。注意：不能使网络中各初始权值和阈值完全相等，否则网络不可能从这样的结构运行到一种非等权值结构。

(2)读取网络参数和训练样本集。

(3)归一化处理。

(4)对训练集中的每一个样本进行计算：①前向计算隐藏层、输出层各神经元的输出；②计算期望输出与网络输出的误差；③反向计算修正网络权值和阈值。

(5)若满足精度要求或其他退出条件，则结束训练，否则继续执行步骤(4)。

(6)结果分析与输出。

图 2.25 为 BP 算法实现流程图。

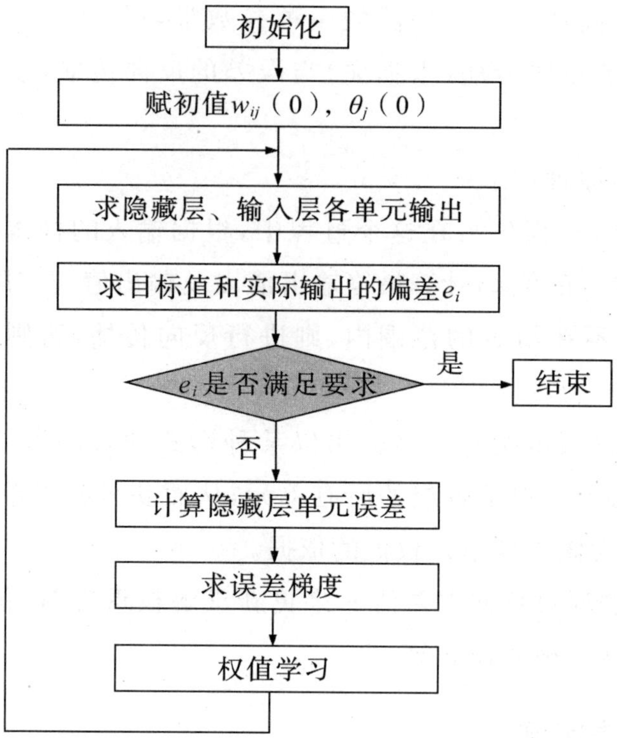

图 2.25　BP 算法实现流程图

2.6　本章小结

本章主要介绍了学习机器视觉感知与智能识别虚拟仿真实验课程所需要的基础知识，包括机器视觉技术、图像识别技术和深度学习模型及算法等。通过本章的学习，学生能掌握虚拟仿真实验中所涉及的基本理论知识和基础原理。

第3章　虚拟仿真实验介绍

机器视觉感知与智能识别虚拟仿真实验是由朱文兴团队自主研发的实验课程，采用离线训练、模型预制的方式实现了快速构建深度学习模型，解决了模型训练实验在4个学时内“做不了”的问题；采用虚拟现实、人机交互技术，实现了工程场景虚拟化，解决了工程验证在实验室内“做不到”的问题。该课程的教学理念、实验方法和技术内核先进，教学设计、实验流程和考核评价合理，有机融入课程思政，教学目标明确，课程特色鲜明。

3.1　实验必要性及实用性

机器视觉感知与智能识别是人工智能核心技术之一，受实体实验在深度学习模型构建、训练时间及工程验证方面的制约，机器视觉智能识别实验存在“做不了”和“做不到”的问题，为了解决这些问题，需要设计和开发一个可以在4个学时内完成教学任务的实验课程。

(1)必要性之“做不了”：实验可选5种深度学习模型，根据2种不同的损失函数，可扩展为10种组合。为了体现模型训练的随机性，每种模型分别训练10次，共100次，每次训练100个循环，训练过程中每间隔10次循环存储一次过程数据。整个模型训练过程均在包含10块2080Ti GPU的服务器上进行，共耗时6 130 798 s，约70天，平均每个模型的训练耗时47 896 s，约13 h，生成各类图表35.904万张。一般课程在4个实验学时内“做不了”。

(2)必要性之“做不到”：人工智能技术在工业产业中的应用核心部分为

算法设计,但在实际生产环境中,不允许参加实体实验的学生在生产线上修改算法和模型来验证实验结果。而在实验室内建立一个模拟真实生产的场景供学生做实验,难度很大,几乎"做不到",即使能真正实现,也"做不到"开展大规模实验教学。

(3)必要性之"特殊形势":在某些特殊形势下,须避免大规模学生聚集实验,且不允许其进入实验室开展实体实验,也不允许其进入工厂车间进行实地学习,而通过虚拟仿真实验的形式可以最大限度地解决此类问题,使实验教学不受影响。

(4)实验实用性:该仿真实验采用"虚拟现实技术"将整个"工厂分拣线"搬进学生的实验室、宿舍、教室等任意场地,学生可以将构建的深度学习模型放到"货物分拣线"上进行即时工程验证,并可根据实验结果反复修正模型参数,以达到最佳效果,满足了学生"随时随地学习"的需求。

总之,机器视觉感知与智能识别虚拟仿真实验可突破时空限制,采用离线训练、模型预制的方式实现快速构建深度学习模型,在4个学时内完成模型训练;采用虚拟现实、人机交互技术,构建高仿真的虚拟生产线,实现了工程场景虚拟化,以及在实验室内进行工程验证。

3.2 实验教学设计

3.2.1 教学内容

(1)构建"三纵三横"实验教学体系(高阶性)。秉承"德业融育"的教育教学理念,将"知识、能力、素养"贯穿于基础理论、工程技术和行业案例的教学过程中,形成了一套理论教学与实践教学紧密衔接,虚拟实验和实体实验有机融合,以学生为中心,教师为主导,体现知识、能力与素养高阶性延伸的实验教学体系,如图3.1所示。

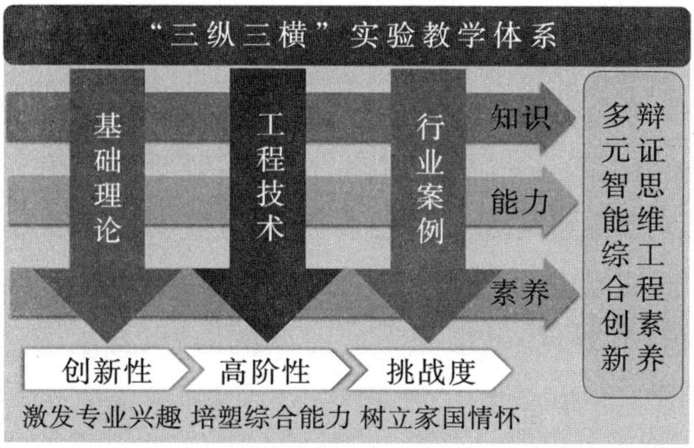

图 3.1　"三纵三横"实验教学体系

(2)贯通人工智能主干课程体系(创新性)。该仿真实验整合了人工智能技术实践、人工智能导论、算法导论与 Python 编程、智能感知技术、图像处理与计算机视觉、计算机控制技术等人工智能主干课程理论及实践知识,为深度学习模型构建的实验教学提供了强有力的支撑。实验内容体现了研究领域的前沿性和时代性,教学形式呈现出先进性和互动性,学习结果具有探究性和个性化,从而实现了人工智能课程体系的有机融合与贯通,如图 3.2 所示。

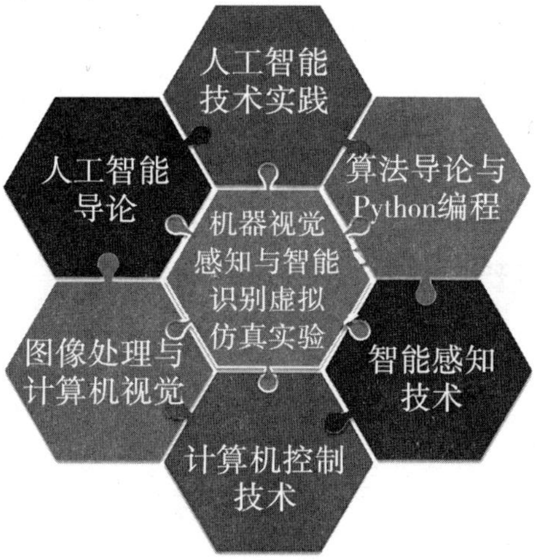

图 3.2　支撑实验的主干课程体系

3.2.2 实验流程

(1)实验流程符合国际公认 CDIO 工程教育模式(挑战度)。该仿真实验以自动化分拣线为工程应用背景,首先进行系统整体构思,在此基础上自主完成核心算法设计(模型构建),然后将构建的模型放到分拣线上进行验证,最后通过分拣线运作获取识别结果,并可根据结果继续优化设计。该仿真实验具有一定的高度和难度,可培养学生的系统构思、自主设计、拓展创新和工程实践能力,如图 3.3 所示。

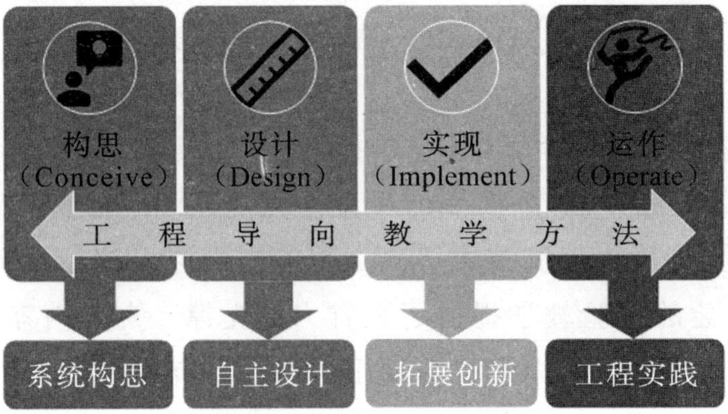

图 3.3 工程导向教学理念

(2)流程设计层次化、模块化(挑战度)。该仿真实验流程包含系统认知、数据制作、模型构建、模型训练与模型验证五大模块,每一个模块又分为若干个实验操作。模块化流程设计可将复杂算例可视化,模块之间既能有机衔接、功能递进、相互关联,又可形成闭环反馈。流程设计围绕能力培养与思维锻炼展开,更符合工程设计要求,如图 3.4 所示。

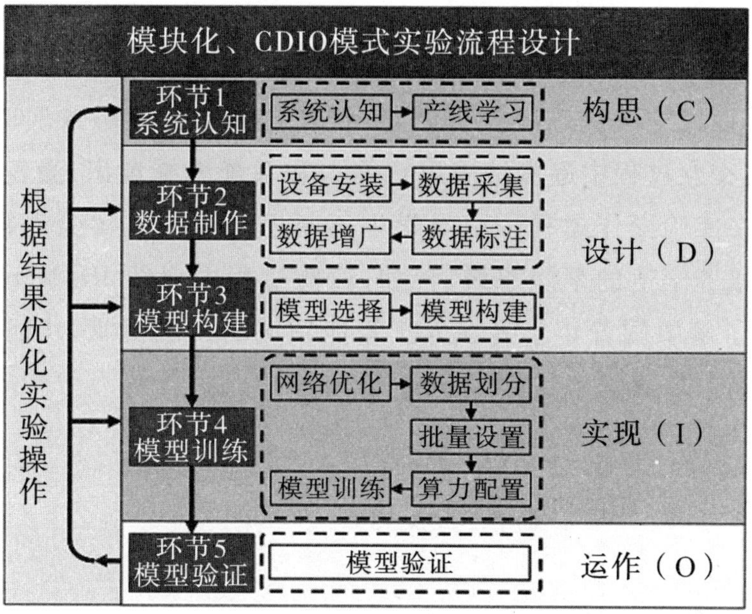

图 3.4　模块化实验流程

3.2.3　考核评价

该仿真实验采用多元化、多维度的评价体系，从实验预习、实验操作到实验结果均由虚拟仿真实验系统自动根据赋分模型对学生的实验操作进行客观打分，实验指导老师根据学生的实验评价进行主观考核并形成闭环反馈，持续优化实验设计，如图 3.5 所示。

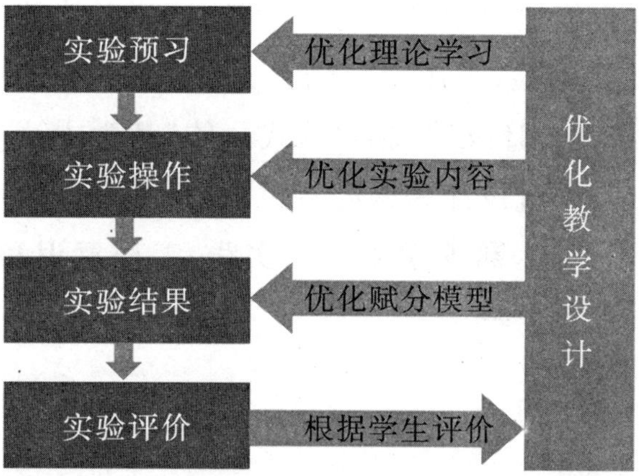

图 3.5　多维闭环考核体系

3.2.4 课程思政

通过全面深挖课程思政教育元素，将其自然有机地融入实验步骤，学生在进行人机交互过程中逐步培养思辨能力和系统思维意识，激发科学探索精神。例如，在实验操作过程中引导学生不断思考和调整实验内容，形成闭环反馈过程，培养学生的系统思维；再如，实验过程中介绍 ResNet 网络的创造者，让学生了解中国青年学者在人工智能领域的突出贡献，从而激发学生的科学探索精神，培养学术自信。

3.3 实验先进性

3.3.1 理念先进

该仿真实验的设计符合国际工程教育模式 CDIO 理念（构思、设计、实现、运作），以产品研发到产品运行的生命周期为载体，让学生以主动思考、动手实践和理论与实践结合的方式学习工程系统，从而培养学生对理论知识的理解能力和对工程系统的实践能力。CDIO 理念体现了系统性、科学性和先进性的统一，代表了当代工程教育的发展趋势。

3.3.2 方法先进

该仿真实验课程依据理论教学与实践教学、实验内容与工程应用现场需求相结合的原则设计实验，采用学践结合式、沉浸体验式、问题启发式、自主探究式、多维互动式和闭环反馈式的“六式一体”教学方法（见图 3.6），以模拟真实生产场景和真实项目设计为核心特色，对学生进行工程实践能力综合训练，激发学生的学习兴趣，培养学生动手实践、工程意识和系统思维等能力，帮助学生提升工程素养。

图 3.6　“六式一体”教学方法

3.3.3　技术先进

(1)该仿真实验内核先进，有大量的科研数据作支撑，教学内容为人工智能领域的核心技术——深度学习模型构建，所使用的实验技术(如数据采集与制作、数据处理、模型构建等)全部为人工智能领域最新研究成果，确保了实验系统内核具有前沿性和先进性，可培养和提升学生解决深度学习模型构建问题的能力。

(2)该仿真实验综合运用自动化、控制工程、神经网络等多学科的知识，在 360°对实际分拣线进行全景拍摄的基础上，构建了以机器视觉感知与智能识别为核心的自动化分拣系统虚拟仿真环境；运用虚拟仿真、三维建模、动画等技术手段，将复杂案例模块化、可视化，让学生如同亲临实境，感受互动。先进的实验技术扩展了实验教学的深度和广度，体现了信息化时代的教学特性。

3.4　课程特色

本课程教学团队以学(生)为中心，坚持“理实融育、科研哺教、资源共享、产教协同”的创新人才培养理念，加强顶层实验设计，创新教学方法，进行有效的实验考评，融入课程思政，以培养自动化领域理论知识宽广、技术能力精湛和工程素养深厚的复合型高端人才为目的，延伸和拓展传统机器视觉感知与智能识别实体实验。

本课程在实验设计、教学方法和评价体系方面具备以下四个特色。

特色1：创建“三纵三横”课程体系。

该仿真实验课程综合人工智能导论、机器学习、智能感知技术、图像处理与计算机视觉、人工智能技术实践、计算机控制技术等人工智能相关主干课程，研发了以深度学习模型构建为核心的综合设计型实验。该仿真实验课程统筹考虑主干课程各层次和各要素，根据“知识传授、能力培养、素质拓展”三位一体的人才培养要求，将“知识、能力、素养”贯穿于基础理论、工程实践和行业案例的教学中，形成了一套理论教学与实践教学紧密衔接，体现知识、能力与素养高阶性延伸的网格化实验教学体系。

特色2：创新“六式一体”教学方法。

该仿真实验课程依据理论教学与实践教学、实验内容与工程应用现场需求相结合的原则设计实验，采用学践结合式、沉浸体验式、问题启发式、自主探究式、多维互动式和闭环反馈式的“六式一体”教学方法，以真实工程应用为核心特色，按照国际CDIO工程教育模式设计，可激发学生的学习兴趣，提高学生的系统构思、自主设计、拓展创新和工程实践能力，帮助学生形成系统思维意识。

特色3：构建多维闭环评价体系。

该仿真实验课程在明确实践教学考核目标的基础上，采用全过程多元化考评模式，实现从实验预习、实验操作、实验结果、学生自评和教师总评的闭环反馈考核，既有实验系统按照赋分模型的客观公正量化性考核，又有实验指导老师根据学生学习心得和实验评价的主观考核。同时，老师还可根据学生的主观评价和建议持续改进实验教学方法，不断优化和提升教学效果。

特色4：自然融入课程思政。

该仿真实验课程深挖实验内容蕴含的思政元素，并将其合理、有机地嵌入实验操作步骤。在学生进行理论知识学习和工程实践能力培养的过程中，向学生渗透思政教育，培养学生思辨能力，增强学术自信，培塑科学探索精神。

第 4 章　实验教学目标与实验要求

4.1　实验教学目标

本书从实验流程、实验内容和实验目标三个方面对机器视觉感知与智能识别虚拟仿真实验进行了全方位的介绍，如图 4.1 所示。接下来对实验教学目标，从知识、能力、素养三个维度和层次分别进行描述。

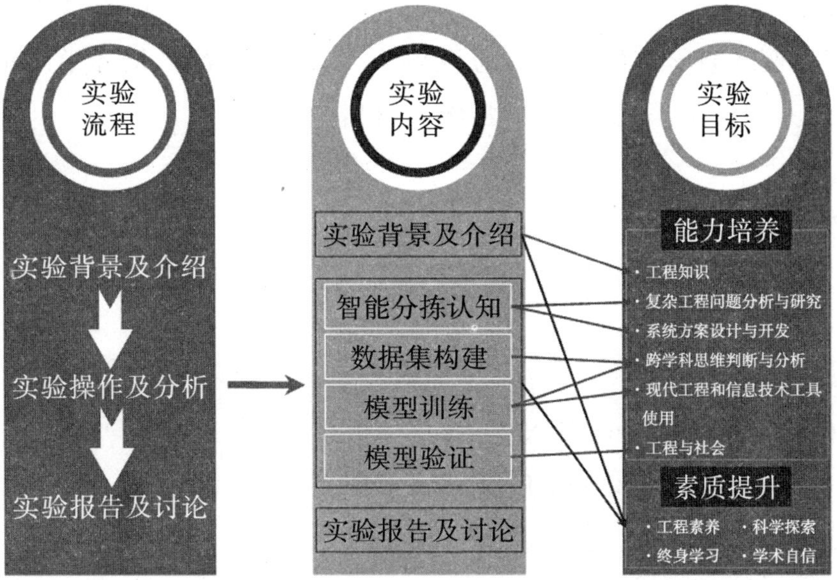

图 4.1　实验流程、实验内容、实验目标介绍

4.1.1 知识

(1)理解机器视觉感知与智能识别系统的组成原理,了解基于深度学习的系统设计及开发流程。

(2)理解深度学习模型超参数的作用及其对训练结果的影响。

(3)掌握数据集构建与增广、深度学习网络模型结构及构建方法。

(4)掌握深度学习算法的工程应用方法。

4.1.2 能力

(1)通过模拟机器视觉感知与智能识别系统的理论运用、模型设计和软件虚拟等操作,培养学生的思辨、综合分析和工程实践能力。

(2)利用模型构建和网络优化等实验步骤交互操作和多维评价的方法,结合虚拟仿真实验"随时随地学习"的特性,培养学生自主学习和终身学习的意识。

4.1.3 素养

采用案例式教学方法将课程思政融入专业实验教学,培养学生的系统思维、工程素养和科学探索精神,增强学术自信。

4.2 实验要求

4.2.1 硬件要求

(1)CPU:Intel core i5 及以上。

(2)显卡:显存 2 GB 及以上,推荐 4 GB。

(3)内存:8 GB 及以上,推荐 16 GB。

(4)硬盘:500 GB 及以上。

(5)浏览器:谷歌浏览器、IE 浏览器、360 浏览器、火狐浏览器等。

(6)操作系统:仿真程序客户端操作系统采用 Windows 7 及其以上版本,管理平台服务器操作系统采用 Windows server 2008 r2 及以上版本。

(7)网络要求:客户端到服务器的带宽在 2 Mbps 及以上。

4.2.2　面向学生的要求

(1)专业与年级要求:本课程面向自动化及相关工科专业学生,适用于大三及以上学生的机器视觉感知与深度学习实验教学,以及低年级学生的认知实验教学。

(2)基本知识和能力要求:学生要了解机器视觉感知与深度学习基础知识,理解并掌握分拣线、图像采集、数据标注、数据增广、卷积神经网络、数据集划分、参数更新、模型训练、模型验证等知识。

第5章 虚拟仿真实验原理

5.1 实验原理

机器视觉感知与智能识别虚拟仿真实验采用计算机3D建模和实景化呈现技术模拟工业现场环境，并利用虚拟化视觉感知模型选择与训练技术对系统构建过程进行仿真。实验内容针对工业现场的实际情况，结合视觉感知系统模型的优劣、模型训练方式的差异、现场部署环境的限制等因素进行设计。实验原理如图5.1所示。

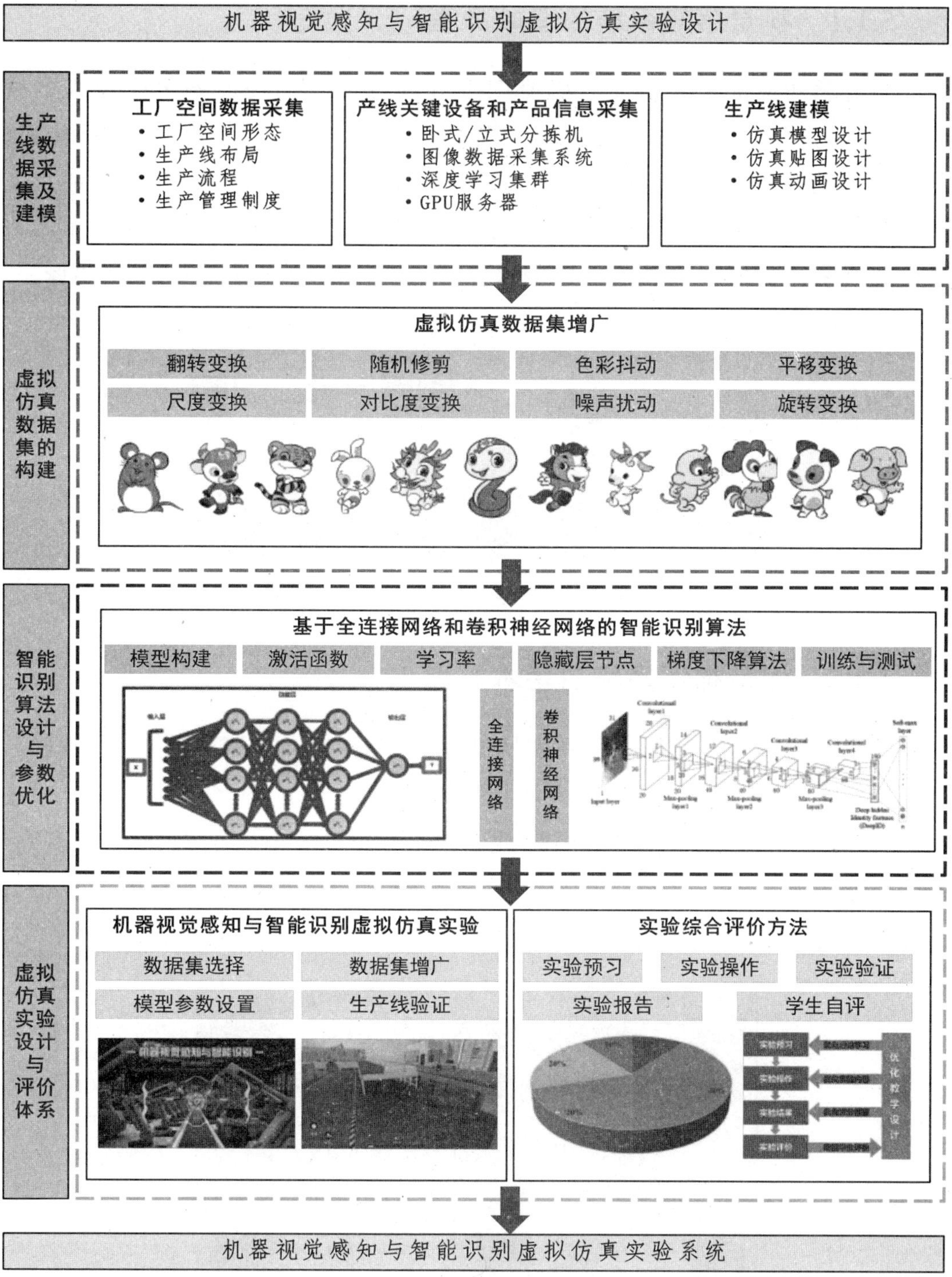
机器视觉感知与智能识别虚拟仿真实验设计
生产线数据采集及建模
工厂空间数据采集
·工厂空间形态
·生产线布局
·生产流程
·生产管理制度
产线关键设备和产品信息采集
·卧式/立式分拣机
·图像数据采集系统
·深度学习集群
·GPU服务器
生产线建模
·仿真模型设计
·仿真贴图设计
·仿真动画设计
虚拟仿真数据集的构建
虚拟仿真数据集增广
翻转变换
随机修剪
色彩抖动
平移变换
尺度变换
对比度变换
噪声扰动
旋转变换
智能识别算法设计与参数优化
基于全连接网络和卷积神经网络的智能识别算法
模型构建
激活函数
学习率
隐藏层节点
梯度下降算法
训练与测试
全连接网络
卷积神经网络
虚拟仿真实验设计与评价体系
机器视觉感知与智能识别虚拟仿真实验
数据集选择
数据集增广
模型参数设置
生产线验证
实验综合评价方法
实验预习
实验操作
实验验证
实验报告
学生自评
机器视觉感知与智能识别虚拟仿真实验系统

图 5.1 实验原理

5.1.1 视觉感知系统的基本原理

视觉感知系统是采用计算机或图形处理器以及相关设备来模拟人的视觉感知行为，获取所需信息的系统。视觉感知系统由照明系统、工业摄像机、图像采集设备、图像处理设备组成，如图 5.2 所示。其中，由照明系统和工业摄像机组成的图像采集模块将生产线上的视觉图像转换为模拟信号，图像采集设备将采集的模拟信号进行数字化并传入图像处理设备，生成数字图像。

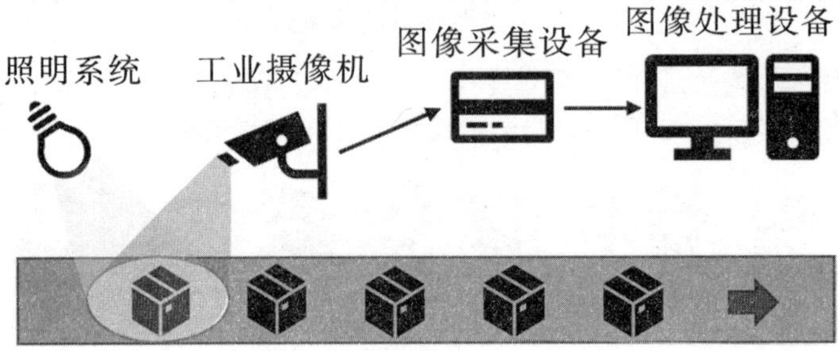

图 5.2 视觉感知系统

5.1.2 深度神经网络的基本原理

深度神经网络模型是一种判别模型，具备至少有一个隐藏层的神经网络，可以使用反向传播算法进行训练，如图 5.3 所示。深度神经网络由一个输入层、多个隐藏层以及一个输出层构成，且输入层与输出层的数量可以不同。每一层都有若干个神经元，神经元之间有连接权重，数据从输入层输入(x_1，x_2，…，x_n)，经过各隐藏层中权重的计算，最终生成输出层的输出(y_1，y_2，…，y_m)。

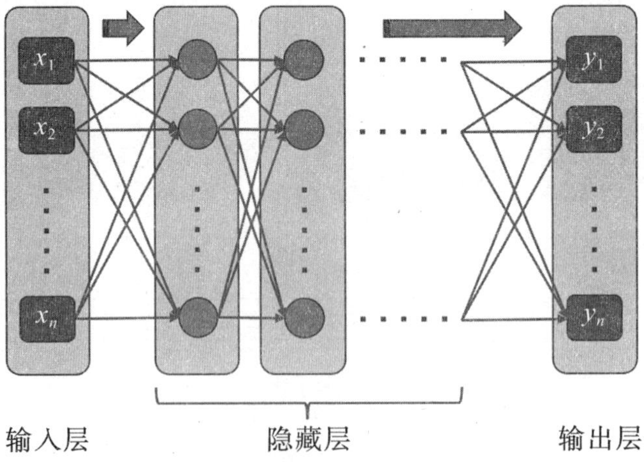

图 5.3 深度神经网络结构

每个神经元都是一个有若干输入和一个输出的模型，如图 5.4 所示。

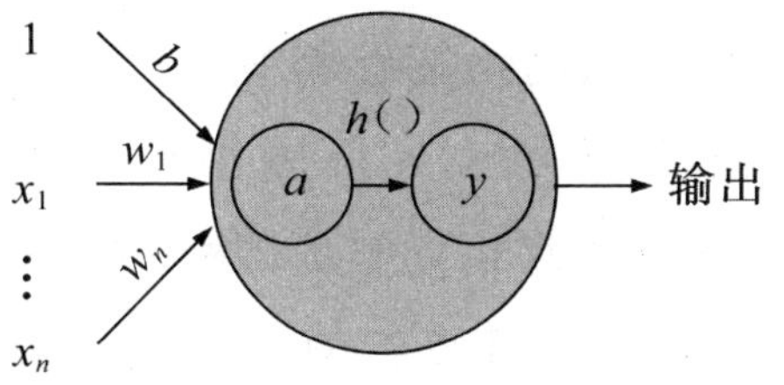

图 5.4　神经元模型图

在正向传播中，b 被称为偏置的参数，用于控制神经元被激活的容易程度；$x_1 \sim x_n$ 表示各输入信号，$w_1 \sim w_n$ 表示各个信号的权重参数，用于控制各个信号的重要性；$h()$为激活函数，提供模型的非线性化功能。模型公式如下：

$$y = h(a) = h\left(\sum_{i=1}^{m} w_i x_i + b\right)$$

5.1.3　深度学习模型的训练原理

如图 5.5 所示，深度学习模型的三大要素为输入数据（图像）、预期输出（标签）、衡量算法好坏的方法（损失函数），其核心问题在于有意义地变换数据，即学习输入数据的有用表示。深度学习强调从连续的层中进行学习，这些层对应于越来越有意义的表示。可以将深度学习看作对多级信息进行“蒸馏”操作，信息穿过连续的过滤层，其“纯度”越来越高（即对任务的帮助越来越大）。

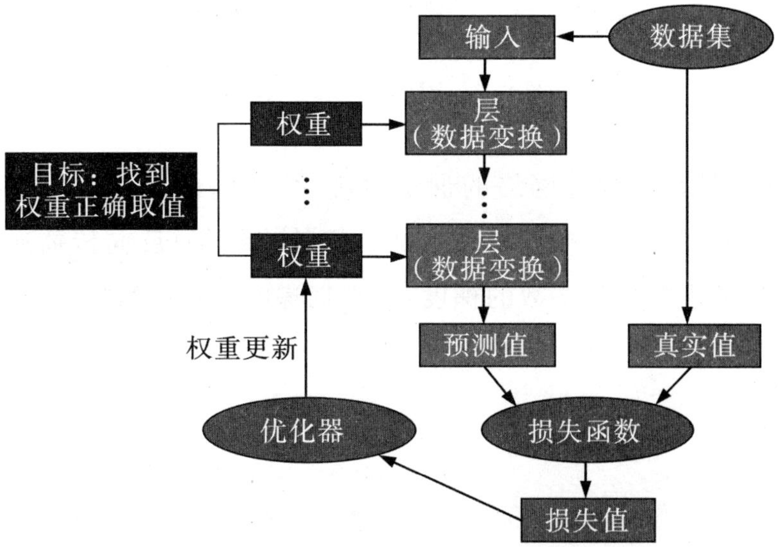

图 5.5　深度学习模型训练原理图

在深度学习中,每层的变换由一组权重来实现。训练就是为神经网络的所有层找到一组权重值,使得该网络能够将每个输入样本与其目标正确地一一对应。在此过程中,由损失函数对实际输出和预期输出间的差别进行量化,损失函数的输入是网络预测值和真实值,输出是一个距离值,衡量该网络在当前样本上预测效果的好坏。可以将通过损失函数得出的距离值作为反馈信号来对权重值进行调整,以降低损失值,该调节由优化器完成。

BP 算法的出现是神经网络发展的重大突破,也是现在众多深度学习训练方法的基础。该算法可计算神经网络中损失函数对各参数的梯度,配合优化方法更新参数,降低损失值,如图 5.6 所示。

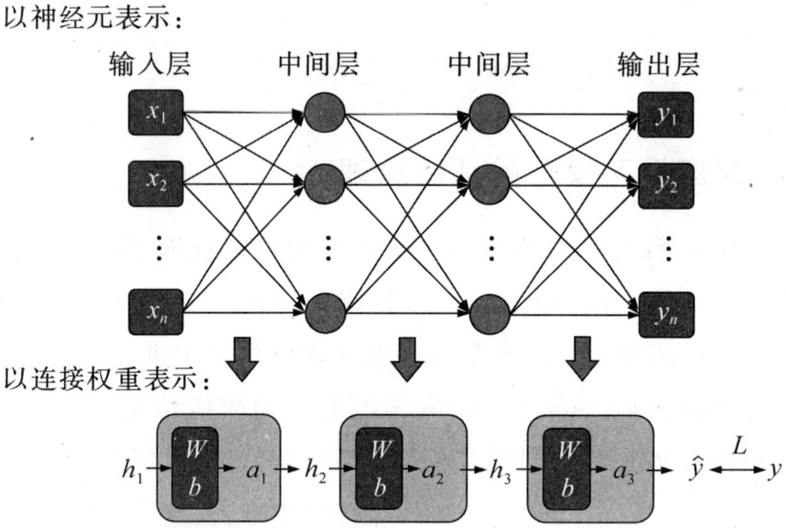

图 5.6　BP 算法示意图

如图 5.7 所示,在神经网络的训练过程中,前向传播和反向传播交替进行。前向传播通过训练数据和权重参数计算输出结果;反向传播通过导数链式法则计算损失函数对各参数的梯度,并根据梯度进行参数更新。

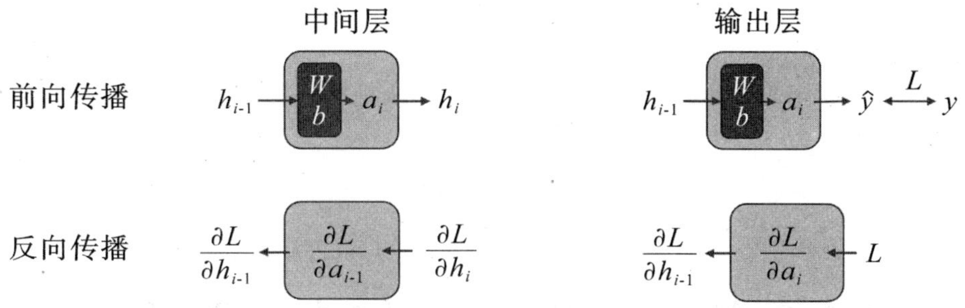

图 5.7　前向传播与反向传播示意图

5.2　核心要素仿真设计

该仿真实验可实现典型智能分拣生产线的 3D 巡游与浏览，通过视觉感知系统的虚拟搭建，实现视觉感知与智能分拣的配置与运行仿真。该仿真实验教学项目对教学大纲要求的视觉感知系统基本原理、多种视觉感知模型、深度神经网络典型结构、深度神经网络训练技巧与视觉感知系统在实际中的应用等知识均实现了虚拟仿真实验，项目核心要素仿真设计分解如下。

5.2.1　数据集制作仿真

该仿真实验要求进行样本采集和数据集制作，内容包括采集设备安装、数据采集、数据标注、数据增广等实验过程。该部分仿真让学生有机会多次亲历数据采集与数据集制作过程。通过“以虚代实”的方式，在虚拟场景中安装和调试图像采集设备；通过预设数据，体现出实际样本采集中存在的不均衡分类问题；通过可视化系统，让数据增广过程更加直观生动。

5.2.2　模型构建仿真

在模型构建过程中，将代码的构建过程转换为基于图形交互的过程，降低了模型构建门槛，同时让构建过程更加直观生动。学生可根据训练结果，反复进行模型的调整。在模型训练过程中，实际的模型训练一般需要几十个小时，通过对所有模型与训练参数组合进行多次提前训练的方式，缩短了等待时间，体现了仿真实验模型训练过程中的随机性。

第 6 章　实验方法与实验过程

6.1　实验方法

在机器视觉感知与智能识别虚拟仿真实验教学中，综合采用观察学习法、比较分析法、控制变量法、数学模型法、自主设计法等实验方法（见图6.1），使学生全面掌握机器视觉感知与智能识别系统中深度学习算法模型构建及工程应用方法，深刻理解多种参数对系统性能的影响。

图 6.1　实验方法

（1）观察学习法主要应用于实验背景介绍、智能分拣线展示和图像采集设备安装调试等实验环节，旨在让学生具备足够的知识储备，扩展学生的视野，培养学生的AI工程师意识。学生通过观看实验简介视频、预习实验学习材料等途径，了解智能分拣线组成和图像采集设备安装等知识；通过观看智能分拣线展示和虚拟场景体验视频，了解机器视觉感知与智能识别系统的构成；通过观察采集图像的清晰度，了解图像采集设备安装位置、参数设置对采集数据的影响。

（2）比较分析法主要应用于数据集构建、模型构建实验环节，将不同层次的相关知识由易到难、系统地展示给学生。由于数据集构建和深度学习网络模型的相关知识较复杂，学生难以直接掌握相关知识。在数据集构建实验部分，实验指导老师可以引导学生从单一数据增广仿真做起，掌握相关知识后再依次进行双数据增广和多数据增广仿真，通过比较三种实验结果，学生能够系统掌握数据增广方法；在模型构建实验部分，实验指导老师可以引导学生从全连接网络模型构建做起，掌握相关知识后再进行卷积神经网络模型构建，通过比较两个实验结果，学生能够系统掌握模型构建方法。

（3）控制变量法主要应用于模型构建、模型训练实验环节，引导学生了解不同网络模型、不同模型参数对机器视觉感知与智能识别系统识别准确率的影响，培养学生的系统思维和科学探索精神。在进行模型构建或模型训练时，学生可以先固定全部模型参数，然后在保持其他参数不变的情况下改变某一个参数（如模型类型、网络结构、数据划分比例等），分析研究该参数对模型的影响后，保持该参数不变，改变其他参数，直至实验结束。

（4）数学模型法主要应用于数据集构建实验环节，利用最小二乘数学模型模拟图像采集设备与图像质量之间的对应关系。学生在设置图像数据采集设备参数时，通过比较图像采集质量，确定设备参数，培养综合分析能力。

（5）自主设计法主要应用于机器视觉感知与智能识别系统设计教学环节，既有助于培养学生的学习主动性和积极性，又有助于培养学生的创新意识、系统思维和工程素养，提升学生思辨、综合分析和工程实践能力。学生根据给定的产品识别目标，对智能分拣线的机器视觉感知与智能识别系统构成、数据集、识别模型进行重复自主设计，深度参与机器视觉感知与智能识别系统设计过程，最终得到满足设计目标的工程方案。

6.2 实验教学过程

在具体实验教学过程中，总体采用“三阶段-三层次”的教学思路，让学生在虚拟实验环境中掌握深度学习算法在机器视觉感知与智能识别系统中的工程应用方法，掌握数据集构建与增广、深度学习网络模型结构及构建方法，总结深度学习模型超参数对系统识别结果的影响规律，并了解智能生产线智能分拣过程。实验教学流程如图 6.2 所示。

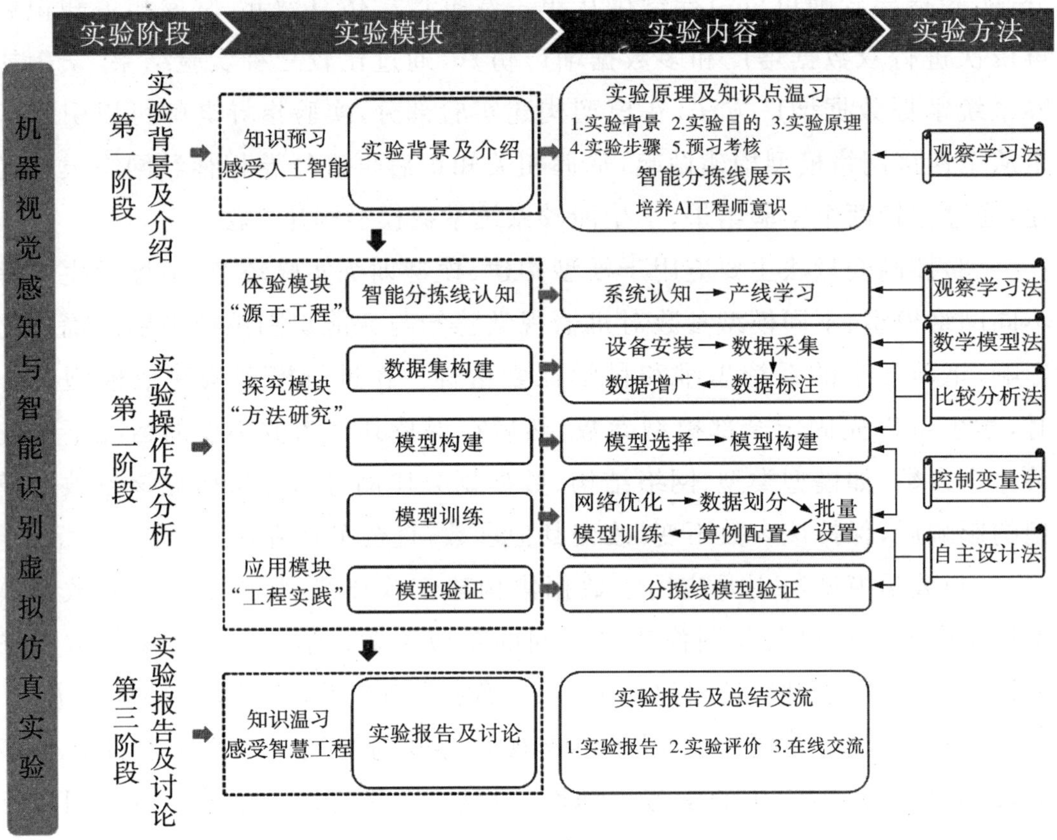

图 6.2 实验教学流程

6.3　实验步骤、目标与赋分方法

机器视觉感知与智能识别虚拟仿真实验教学项目属于人工智能与技术实践课程，共计 4 个学时，通过 3D 仿真技术与虚拟模型构建技术虚拟构建智能分拣线，学生可在整个实验场景中进行 15 步交互性操作。实验主要流程为：实验准备→系统认知→产线学习→设备安装→数据采集→数据标注→数据增广→模型选择→模型构建→网络优化→数据划分→批量设置→算力配置→模型训练→模型验证→实验评价。实验详细步骤如图 6.3 所示。

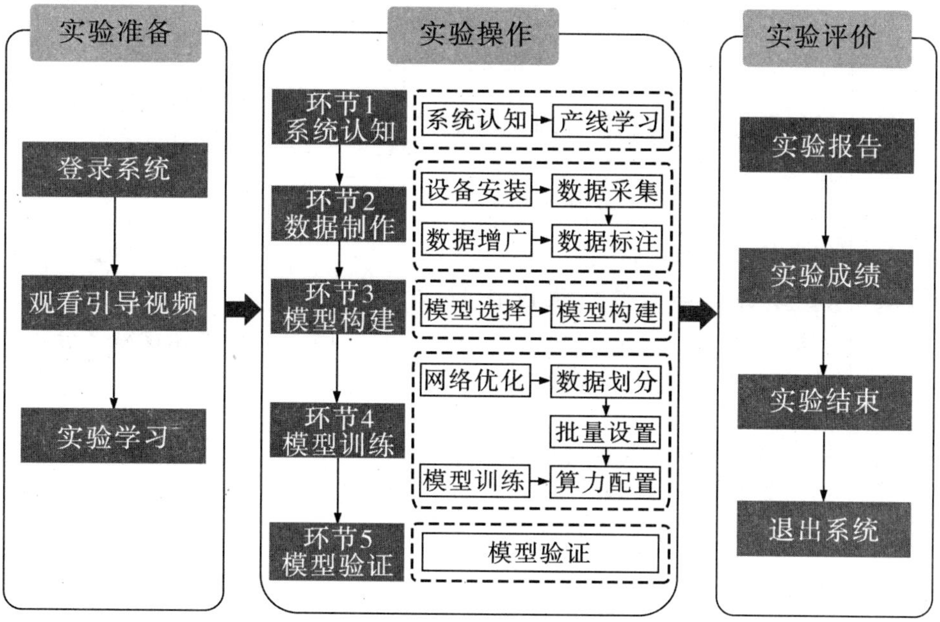

图 6.3　实验详细步骤

实验步骤、目标及具体的赋分方法如表 6.1 所示。

表 6.1　实验步骤、目标及具体的赋分方法

步骤名称	目标要求	步骤合理用时/min	目标达成度赋分模型	步骤满分
实验预习	(1)理解并掌握分拣线、图像采集、数据标注、数据增广、卷积神经网络、数据集划分、参数更新、mini-batch、模型训练、模型验证等知识；(2)通过观看引导视频，了解实验系统基本操作和实验步骤	10	单选题5题，每题2分	10
系统认知	了解分拣系统组成架构与工作机制	10	漏选或顺序错误减1分	5
产线学习	了解主要设备的工作原理及功能	10	漏选或顺序错误减1分	6
设备安装	(1)学习并掌握机器视觉感知设备架设的基本原则；(2)掌握定焦图像采集设备调试方法；(3)提高学生的动手实践能力	10	设备架设位置错误减3分，焦距调整错误减2分	5
数据采集	(1)掌握在机器视觉工程应用中数据采集的基本方法；(2)掌握图像数据预处理的基本原则与方法	15	每选中1张不合格图像减1分，缺少1张合格图像减1分	8
数据标注	(1)掌握数据标注的基本流程与方法；(2)理解数据集样本均衡的重要性及其对智能识别结果的影响；(3)提高学生分析问题、解决问题的能力	15	标注错误时，1个图像减1分，最多减3分；分类数据量不均衡减2分	5
数据增广	(1)理解数据增广的目的及意义；(2)掌握常用的图像增广方式与技巧；(3)提高学生图像样本处理能力	15	未覆盖整个数据集减3分，使用的增广方式组合小于4种减2分	5

续表

步骤名称	目标要求	步骤合理用时/min	目标达成度赋分模型	步骤满分
模型选择	(1)学习并理解全连接网络和卷积神经网络的基本原理; (2)掌握全连接网络和卷积神经网络的适用范围; (3)提高学生网络结构自主设计能力	15	每填错一个空减1分	5
模型构建	(1)通过对 ResNet 深度学习网络发展历史的学习,激发学生的学习兴趣; (2)掌握 ResNet 深度学习网络的基本结构、核心原理与构建方法; (3)培养学生的科研探索精神,提升学术自信	15	选择全连接网络减 5 分;对于 ResNet,每填错一个空减 1.5 分;对于全连接网络,选择 3 层全连接层减 3 分,选择 4 层全连接层减 2 分,选择 5 层全连接层减 1 分	10
网络优化	(1)掌握模型训练中网络参数的优化方法; (2)提高学生分析评判方法优劣的能力	20	选择随机梯度下降法减 4 分	8
数据划分	(1)理解数据集划分的基本原理; (2)掌握训练集和测试集划分的一般性标准	15	训练集与测试集比例为 9∶1 至 7∶3 时得满分,每差 10% 多减 1 分	5

续表

步骤名称	目标要求	步骤合理用时/min	目标达成度赋分模型	步骤满分
批量设置	(1)掌握 mini-batch 设置的一般性设置原则； (2)理解 mini-batch 设置与硬件配置的匹配关系	10	>500,减 5 分； 100～500,减 4 分； 50～100,减 3 分； 10～50,减 2 分； <10,减 1 分； =1,减 0 分	5
算力配置	(1)理解计算资源对深度学习模型训练的作用； (2)理解模型训练速度与算力资源的关系； (3)提高学生运用辩证法分析问题的能力,培养学生的辩证思维意识	10	显存利用率大于 80%时得满分,每降低 10%多减 1 分	5
模型训练	(1)理解迭代次数与模型识别准确率的对应关系； (2)提高学生识图和读图能力； (3)反馈原理:培养学生的反馈概念和系统思维	15	识别率大于 80%时得 5 分,每下降 10%多减 1 分； 迭代次数小于 10 时得 5 分,每增加 10 次多减 1 分	10
模型验证	(1)掌握深度学习网络模型工程应用的基本方法与流程； (2)培养学生工程应用能力	15	识别率大于 80%时得 8 分,每下降 8%多减 1 分	8

6.4 交互性步骤说明

6.4.1 实验预习

在开始正式实验前,需完成实验室安全、实验关键原理、实验关键操作等知识与原理的实验预习,理解实验内容,熟悉并理解实验目的、原理、步骤等内容,掌握实验过程中的各种技能,以提升实验效果。首先,进入实验预习界面，如图 6.4 所示。

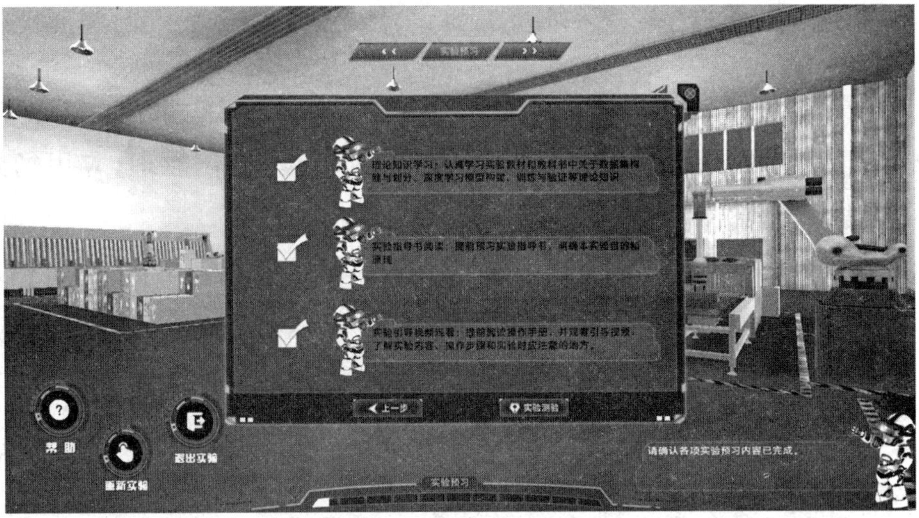

图 6.4　实验预习界面

完成实验预习后，选中已完成的预习内容条目，单击“预习测验”按钮进行实验预习测验，检验实验预习效果，如图 6.5 所示。

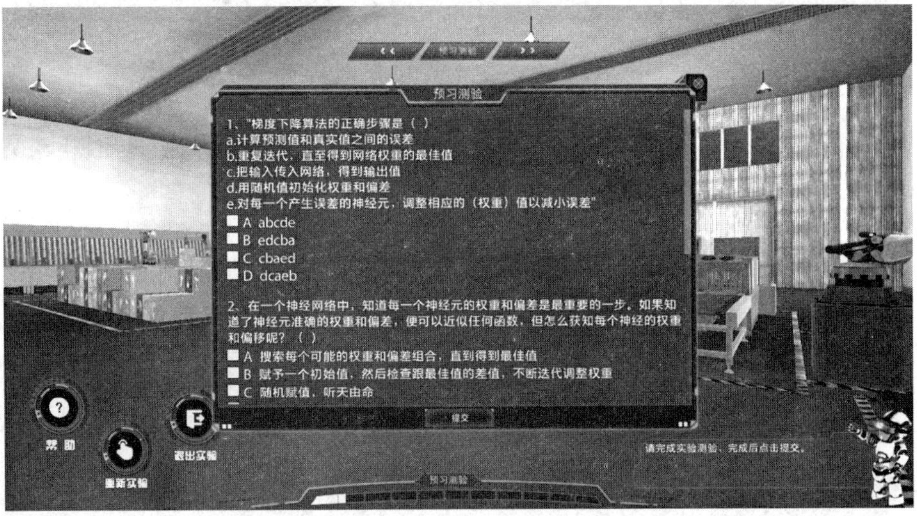

图 6.5　预习测验界面

实验系统从预习测试题库中随机抽取题目自动生成预习测验试卷，题目由选择题和判断题组成，每张预习测验试卷包含 5 道题目，用户通过单击选项作答，完成后单击“提交”按钮进入下一步。系统自动批改预习测验试卷，并自动生成预习测验得分，并将该得分自动计入本次实验得分。

6.4.2 系统认知

预习测验完成后，进入系统认知介绍界面，如图 6.6 所示。在此界面中，用户学习机器视觉感知与智能识别系统组成结构、工作原理、应用场景等知识，完成系统总体认知学习。

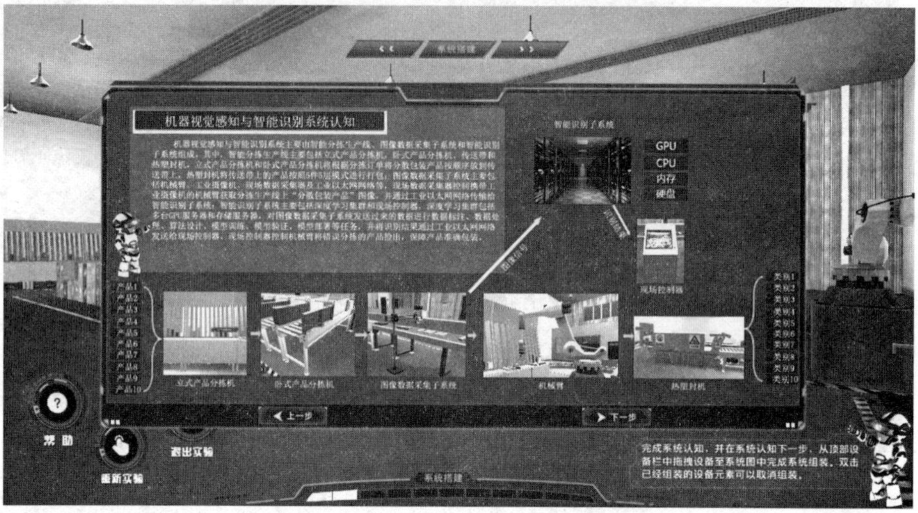

图 6.6 系统认知介绍界面

学习完毕后，用户可通过单击“下一步”按钮进入系统认知测试界面，检验学习效果，如图 6.7 所示。

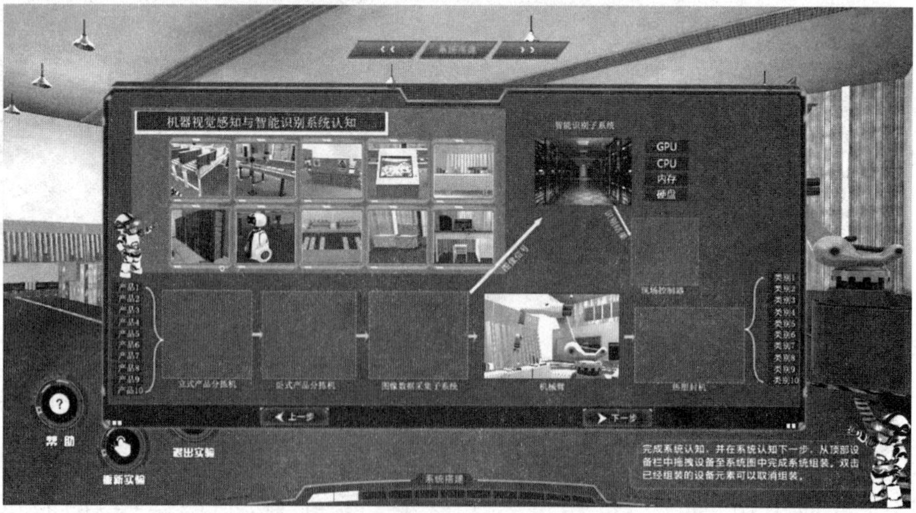

图 6.7 系统认知测试界面

用户可拖动系统认知测试界面左上方待选区域中的“立式产品分拣机”“卧式产品分拣机”“图像数据采集子系统”“现场控制器”“热塑封机”等系统组成部件，放入机器视觉感知与智能识别系统结构图中的相应位置，实现系统构建，完成后单击“下一步”按钮。

系统自动检验系统构建结果，并依据第 1 次系统构建结果，生成系统认知测试得分，将该得分自动计入本次实验得分。若系统构建结果有错误，将自动返回系统认知测试界面，直至系统构建结果完全正确后，再进入产线学习步骤。

6.4.3　产线学习

进入产线学习界面后，用户可使用“W”“A”“S”“D”按键或鼠标操作用户角色在场景中漫游。双机场景中的“卧式条烟分拣机”“立式条烟分拣机”“工业摄像机”“机械臂”“热塑封机”等高亮设备可供用户学习设备知识，完成产线认知学习。操作步骤提示界面如图 6.8 所示。

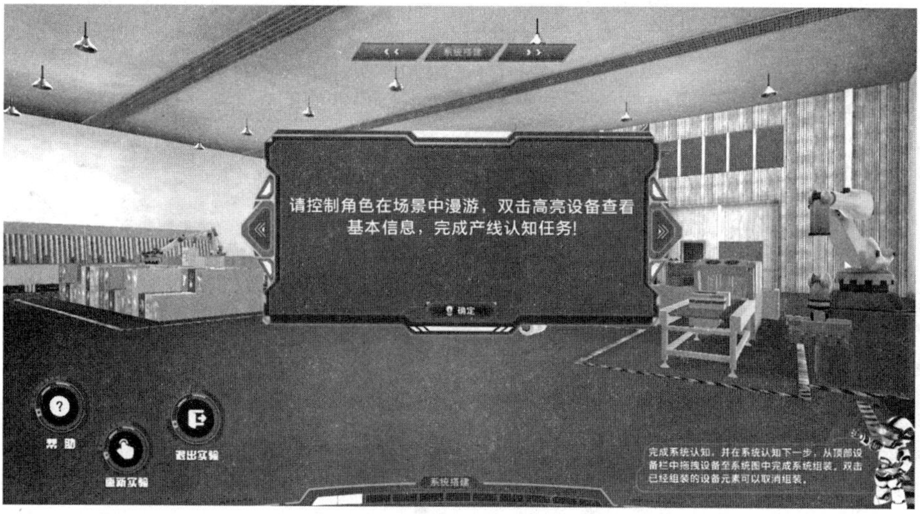

图 6.8　操作步骤提示界面

用户可单击“确定”进入产线学习漫游界面，如图 6.9 所示。

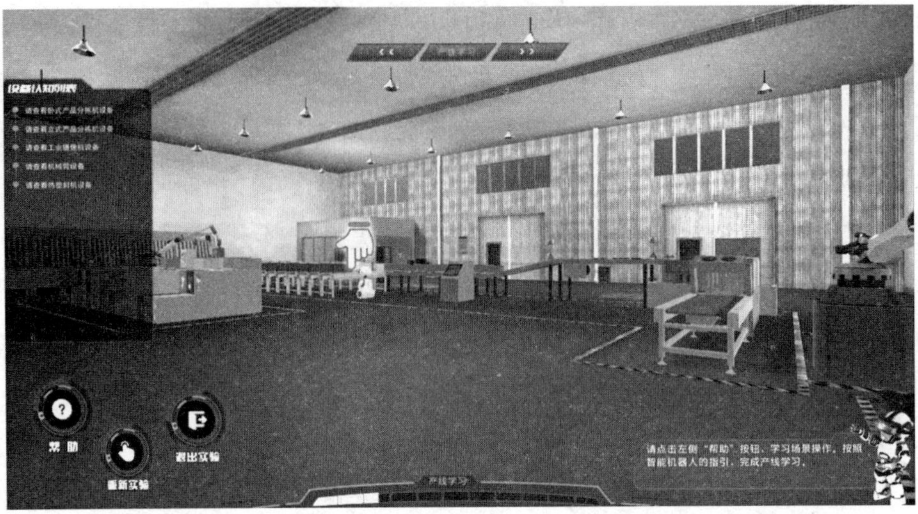

图 6.9　产线学习漫游界面

在漫游界面中，跟随引导机器人，单击界面中指引的高亮设备，可进入设备学习界面，如图 6.10 所示。

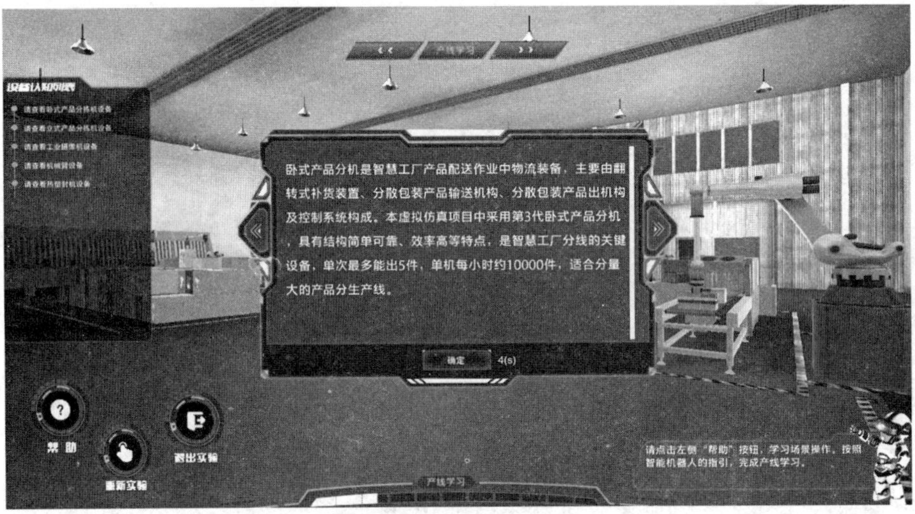

图 6.10　设备学习界面

用户可按照学习界面左侧主要设备列表依次进行学习，然后单击“确定”完成产线认知学习。系统自动记录学习过程，并生成产线学习得分，该得分自动计入本次实验得分。

6.4.4　设备安装

设备安装步骤操作提示界面如图 6.11 所示。

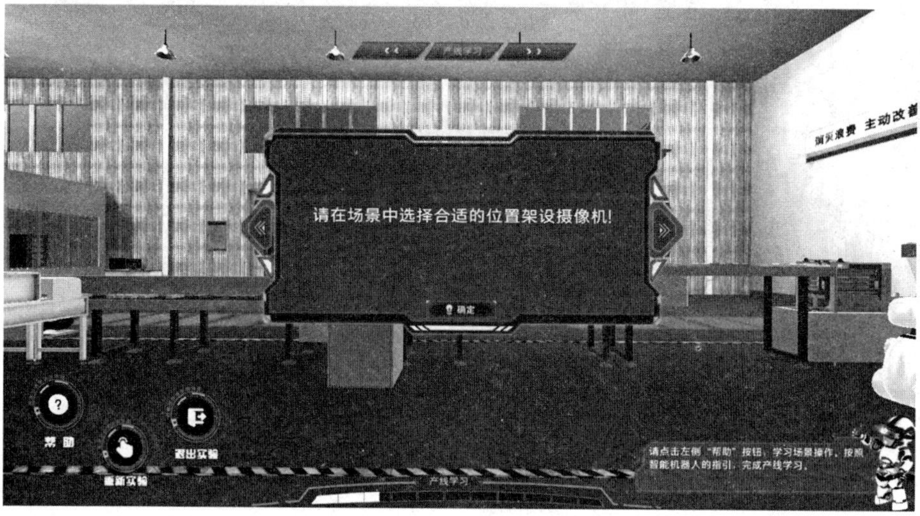

图 6.11　设备安装步骤操作提示界面

单击“确定”按钮，可回到设备安装漫游界面，如图 6.12 所示。

图 6.12　设备安装漫游界面

在漫游界面中，系统指引位置均可进行图像采集设备的安装，用户需根据预习内容结合工程应用需求，在多个预设位置中选择设备安装位置，并在设备安装确认界面中单击“确认”按钮，完成设备安装，如图 6.13 所示。

图 6.13　设备安装确认界面

确定安装位置后，进入设备焦距调整界面，通过调整焦距，可获取清晰产品图像信息，为后续识别算法提供数据支撑，如图 6.14 所示。

图 6.14　设备焦距调整界面

在焦距调整步骤中，用户可通过单击界面左下方的两个箭头调整图像采集设备的焦距，调整结果可通过观察界面显示图像的清晰程度表示。在完成焦距调整后，单击“下一步”。

图像采集设备的安装位置与焦距调整将影响图像样本采集的效果，系统自动评判安装位置和焦距调整效果，并生成设备安装得分，该得分自动计入本次实验得分。

6.4.5　数据采集

完成设备安装后，进入数据采集步骤，通过单击高亮设备，开始数据采集，构建数据集，如图 6.15 所示。

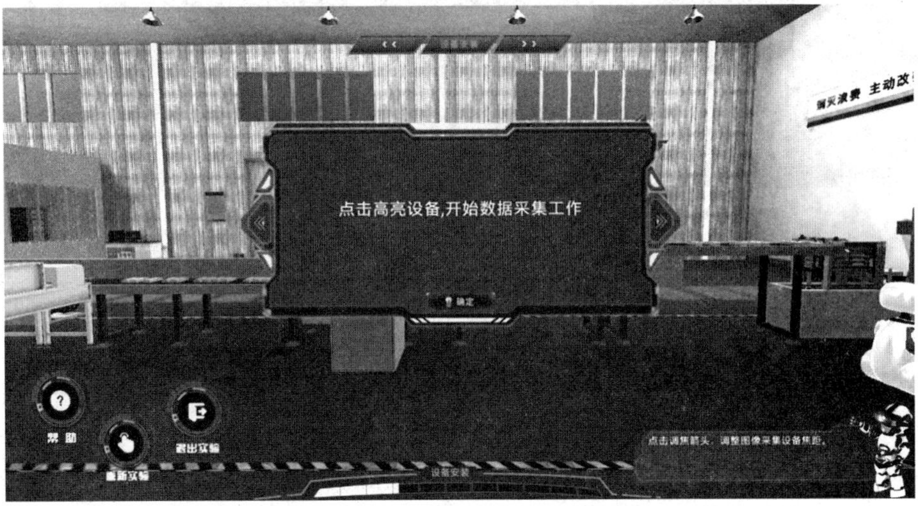

图 6.15　数据采集步骤操作说明界面

单击“确定”按钮后，可进入生产线现场漫游界面，如图 6.16 所示。

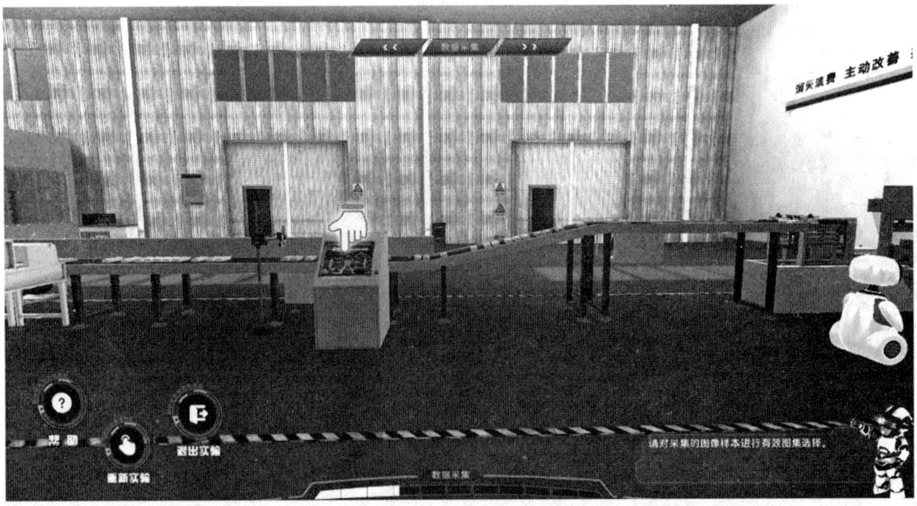

图 6.16　数据采集步骤生产线现场漫游界面

在漫游界面中，单击高亮设备，可进入数据采集界面，如图 6.17 所示。

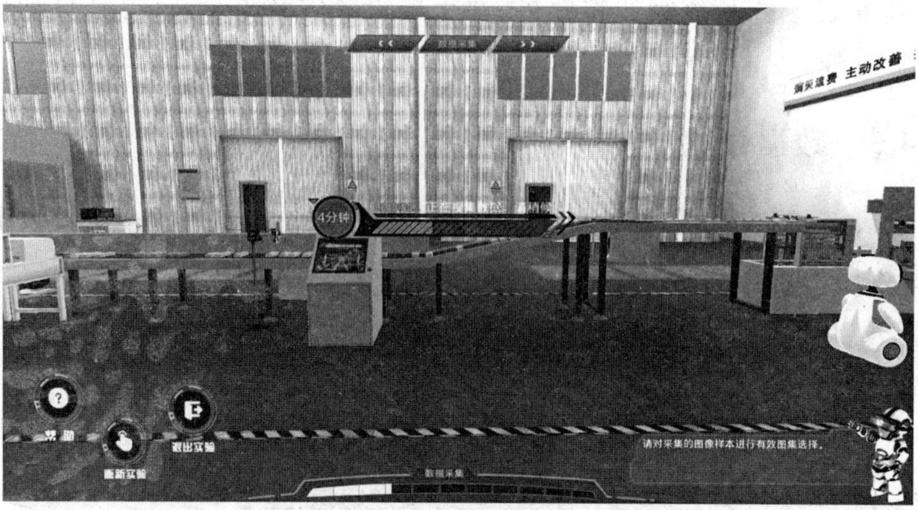

图 6.17　数据采集界面

数据采集结束后自动进入数据采集测试界面，选择四个选项中不包含无效数据的项目，并单击“提交”进入数据筛选界面。通过筛选并手动去除采集到的模糊或外形不全的图像，构建数据集，可保障后续图像识别模型训练效果。数据筛选说明界面如图 6.18 所示。

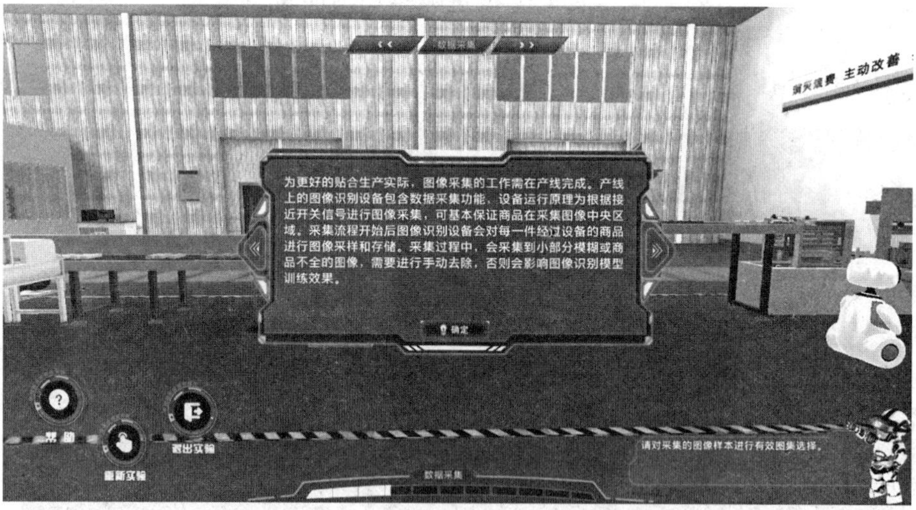

图 6.18　数据筛选说明界面

完成学习后，单击“确定”按钮，可进入数据筛选界面，如图 6.19 所示。

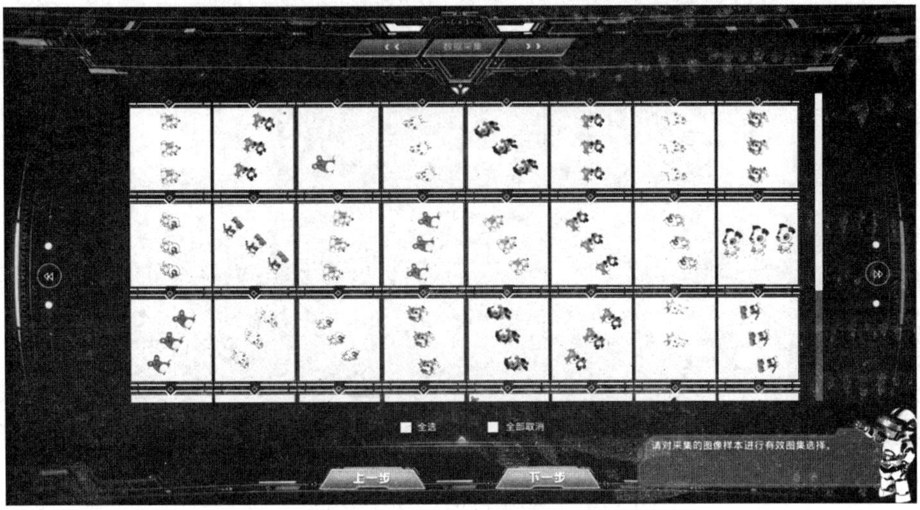

图 6.19 数据筛选界面

在数据筛选界面中，可单击“全选”复选框，而后剔除模糊或不完整的图像，保证无问题图像全部被选中后，单击“下一步”按钮。

通过数据筛选步骤剔除问题图像，可提高数据集可用性与代表性。系统自动评判数据集中图像数据质量，并生成数据采集得分，该得分自动计入本次实验得分。

6.4.6 数据标注

完成数据采集后，进入数据标注界面，在训练环境中进行数据标注、网络模型构建等操作，如图 6.20 所示。

图 6.20　数据标注引导界面

单击“确定”按钮，可进入数据标注漫游界面，如图 6.21 所示，并自动导航至深度学习集群终端位置。

图 6.21　数据标注漫游界面

单击高亮设备，可进入数据标注说明界面，如图 6.22 所示。数据标注是通过数据加工人员借助标记工具，对人工智能学习数据进行加工的一种行为。数据标注的准确与否直接影响人工智能算法模型训练的准确率，并进一步影响图像识别系统的识别精度。并且用于深度学习模型训练的数据集往往数量巨大,人工标注的工作量很大,是非常费时且重要的一步。在数据标注步骤中,需要对采集的图像数据进行分类标注,生成分类标签,具体操作为:针对当前图像的真实分类,将其拖入相应分类中。

图 6.22 数据标注说明界面

阅读完数据标注说明后,单击“确定”按钮进入数据标注界面,如图 6.23 所示。

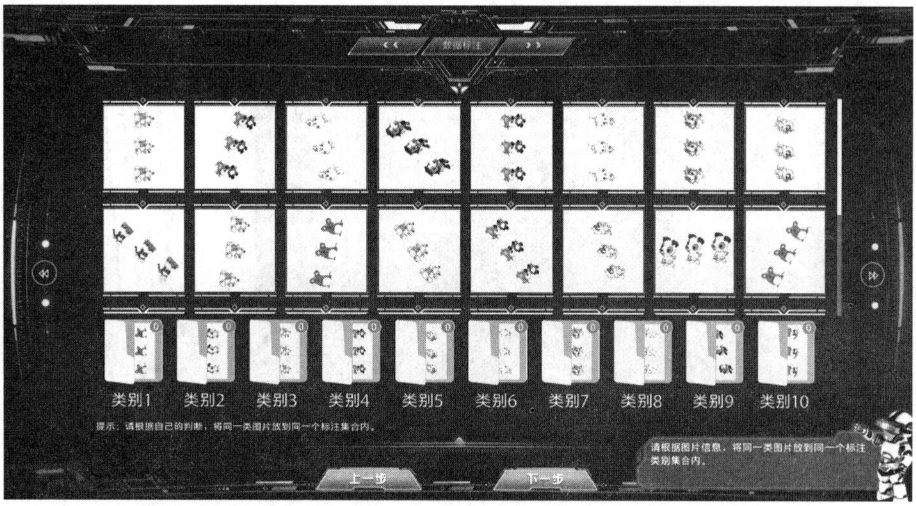

图 6.23 数据标注界面

在数据标注界面中，选中界面上方图像，拖拽到对应的类别文件夹中，将全部图像分类完毕后单击“下一步”按钮。若发现选中的分类数据中存在问题，可单击“上一步”按钮返回上一步进行调整，如图 6.24 所示。

(a)数据均衡提示(一)

(b)数据均衡提示(二)

图 6.24　数据均衡提示界面

若第一次采集的数据存在不均衡的情况，将导致缺少数据样本的类别的识别准确率下降。用户可通过再次采集数据，为不均衡的类别增加样本，构建平衡数据集。单击“确定”按钮，可进入数据采集界面，如图 6.25 所示。

通过再次采集，增加样本数量，此操作与之前的数据采集步骤相同，完成后单击“下一步”按钮进入数据标注界面，如图 6.26 所示。

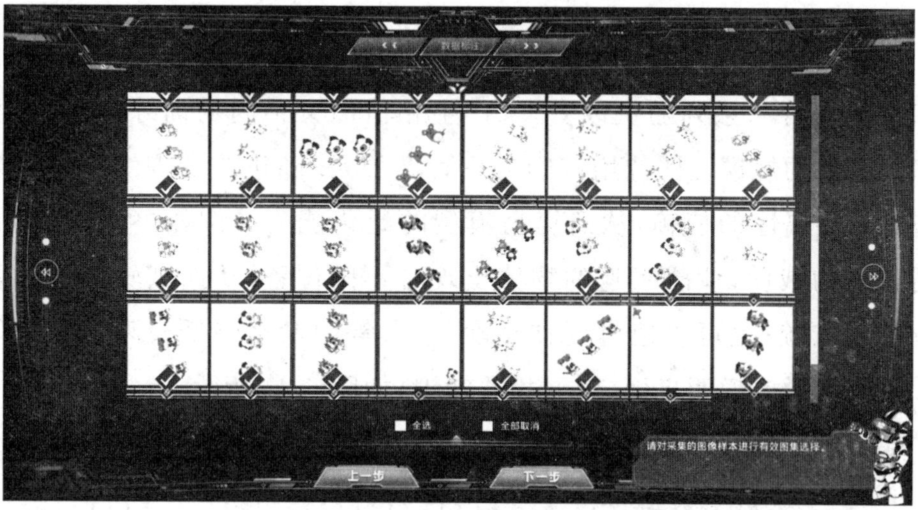

图 6.25　数据采集界面

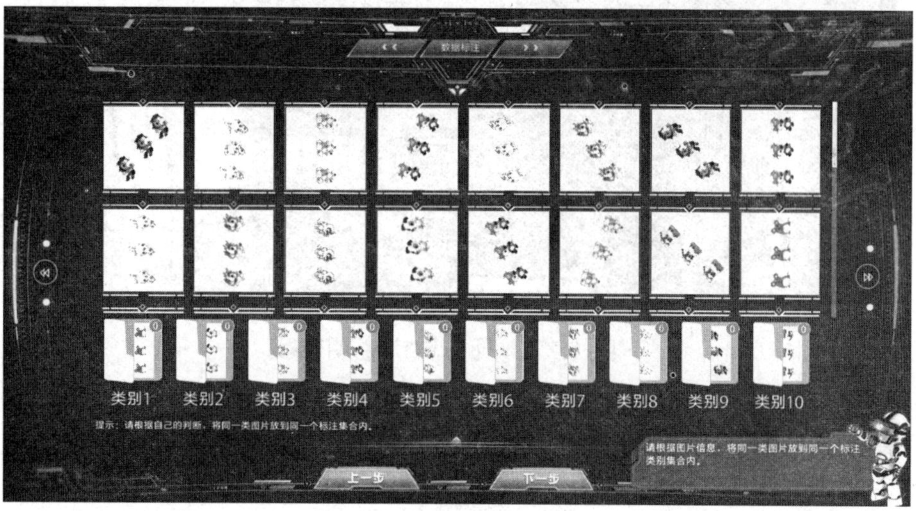

图 6.26　数据标注界面

数据标注界面中仅需对新采集的样本进行标注，此操作与之前的数据标注操作步骤相同，完成后单击“下一步”按钮。

在数据标注步骤中，数据分类的准确率和数据集的均衡程度将作为实验评分的构成要素。

6.4.7 数据增广

大规模数据集是成功应用深度神经网络的前提。图像增广技术通过对训练图像进行一系列随机改变，来产生相似但又不同的训练样本，从而扩大训练数据集的规模。图像增广的另一种解释是，随机改变训练样本可以降低模型对某些属性的依赖，从而提高模型的泛化能力。例如，可以对图像进行不同方式的裁剪，使感兴趣的物体出现在不同位置，从而减轻模型对物体出现位置的依赖；也可以通过调整亮度、色彩等因素来降低模型对色彩的敏感度。在数据增广说明界面，学习相关知识，如图 6.27 所示。

图 6.27　数据增广说明界面

学习完毕后，单击“确定”按钮，进入数据增广界面，如图 6.28 所示。

图 6.28　数据增广界面

数据增广界面左下方为增广方式选择，可单击界面右下侧“功能说明”按钮了解增广方式的具体内容，如图 6.29 所示。可将增广方式进行任意组合，如图 6.30 所示。完成组合后单击界面下方的“增广”按钮，在当前分类中应用，同一分类可多次进行增广，直至满意为止。若对当前增广结果不满意，可单击界面右下方“撤销”按钮进行回撤。完成所有类别的增广后，单击“下一步”按钮。

图 6.29　数据增广方式说明界面

图 6.30　数据增广方式组合界面

在数据增广步骤中，选中的增广方式与增广组合将影响最终的训练结果，选中的增广方式与增广组合是否适合本数据集将作为实验评分的组成要素。

6.4.8　模型选择

在模型选择界面，学习相关知识，如图 6.31 所示。

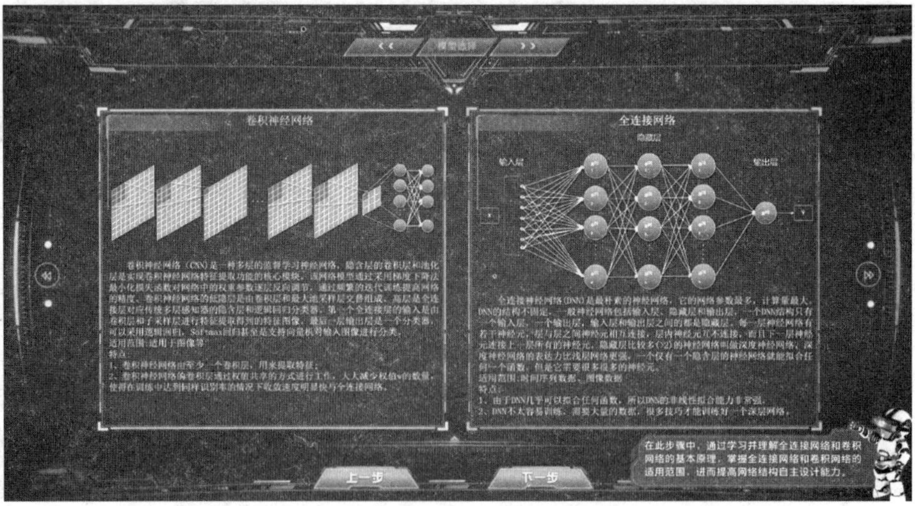

图 6.31　模型选择界面

模型选择界面中包含全连接网络和卷积神经网络的基本原理及组成结构，在学习完相关知识后选择其一，单击“下一步”进入模型组装界面，如图6.32所示。在模型选择界面中的选择将决定下一步进入全连接网络组装界面还是卷积神经网络组装界面。

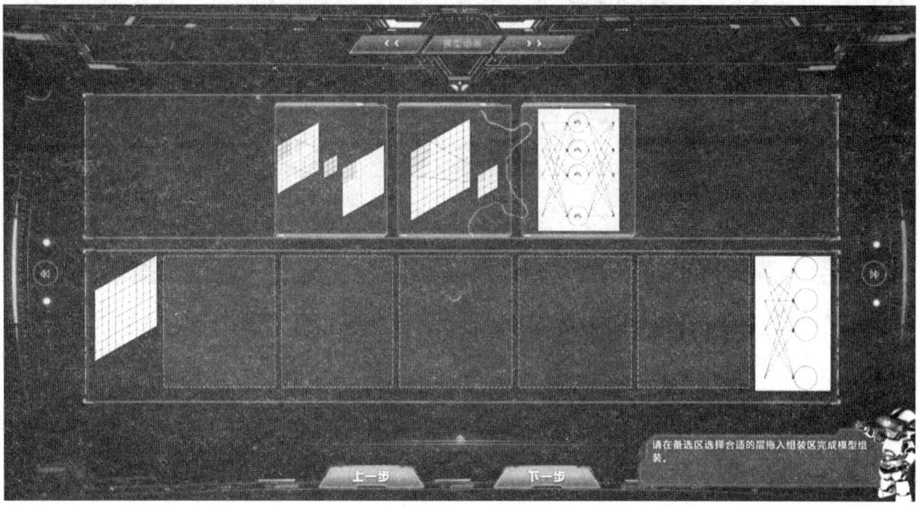

图 6.32　模型组装界面

在模型组装界面中，可在界面上方的模型结构待选区中选择模型组件，将其拖拽至界面下方的模型结构中，通过重复此操作完成模型结构的组装，单击“下一步”完成组装。模型组装界面中也可通过单击“上一步”按钮重新选择模型或重新阅读说明。在模型组装步骤中，模型结构设置的准确与否将作为实验评分的构成要素。

6.4.9　模型构建

构建模型前，用户可选择不同网络类型和网络预设模型进行模型参数设置和训练，并根据训练结果将相关参数投放到产线进行验证。

在模型构建说明界面，学习相关知识，如图 6.33 所示。根据模型选择的选择结果，进入模型构建步骤。

图 6.33　模型构建说明界面

学习完毕后，单击“确定”按钮进入残差神经网络模型介绍界面，如图6.34所示。

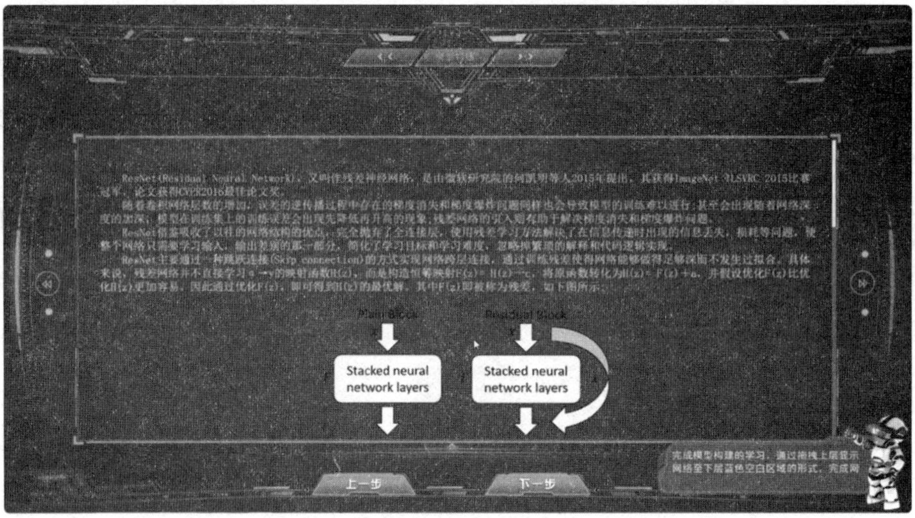

图 6.34　残差神经网络模型介绍界面

残差神经网络模型是一种由中国学者提出的识别率较高的图像识别模型，现已被广泛应用于各领域。了解残差神经网络模型后单击“下一步”进入残差神经网络模型构建界面，如图 6.35 所示。

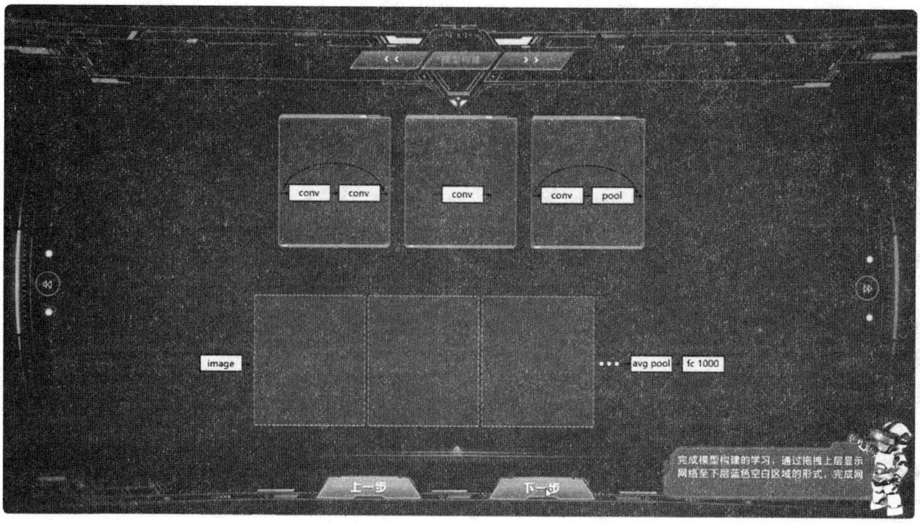

图 6.35　残差神经网络模型构建界面

残差神经网络模型构建界面的操作与上一步骤中的模型组装界面操作相似，可选中界面上方的网络片段，将其拖拽至下方的模型结构中，完成模型构建。还可通过单击“上一步”按钮，返回模型介绍界面，重新对模型进行学习。完成构建后，单击“下一步”按钮。

模型构建的正确与否、对模型识别准确率造成的影响将作为实验评分的构成要素。

6.4.10　网络优化

模型构建完成后，单击“下一步”进入网络优化界面，如图 6.36 所示。在网络优化界面中，可在左上方的参数更新方法下拉列表中选择不同的更新方法，并查看其具体说明。选中更新方法后，根据模型训练准确率确定最终参数的更新方法，单击“下一步”按钮完成本步骤。

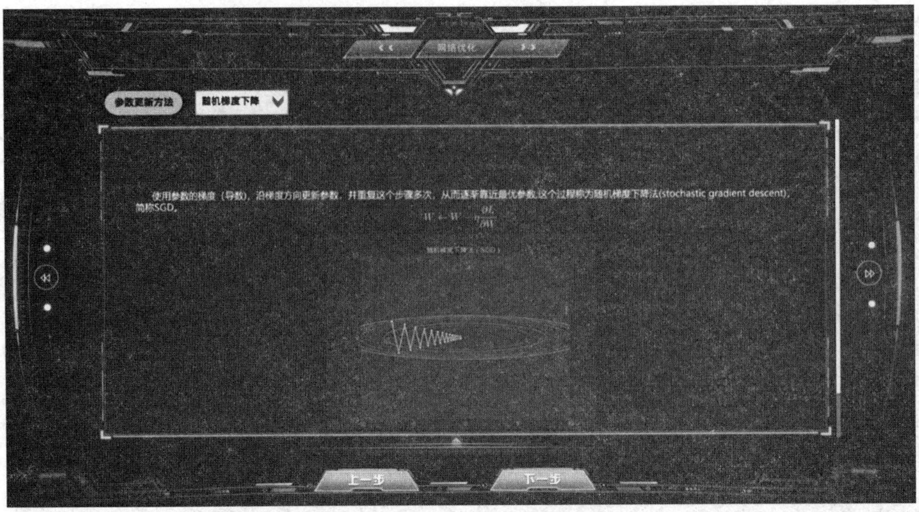

图 6.36　网络优化界面

网络优化方式的选择将影响模型训练的效率，选择结果将作为实验评分的构成要素。

6.4.11　数据划分

网络优化完成后，单击“下一步”进入数据划分界面，如图 6.37 所示。

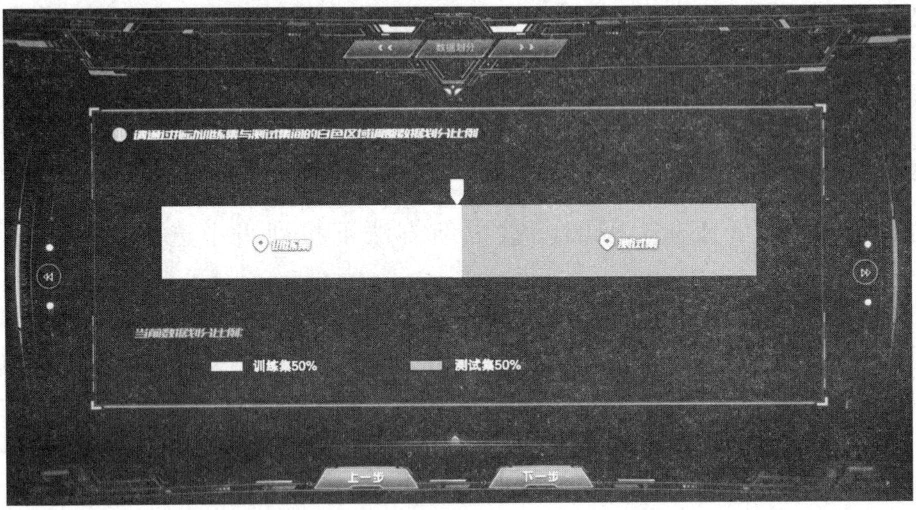

图 6.37　数据划分界面

在数据划分界面中，通过拖动训练集与测试集中间的分割线进行数据集划分比例的调整，界面下方将实时显示当前划分比例，在调整完成后单击“下一步”按钮完成本步骤。

数据集的划分比例直接影响模型的识别准确率，数据划分结果将作为实验评分的构成要素。

6.4.12　批量设置

数据划分完成后，单击“下一步”进入批量选择界面，如图 6.38 所示。在本界面中，可对每次训练的样本数量进行设置，界面中间位置为批量设置说明。在设置结束后，单击“下一步”按钮完成本步骤。

批量选择结果将影响模型训练的效率与算力资源的利用率，可体现在实验成绩中。

图 6.38　批量选择界面

6.4.13　算力配置

基于深度学习的人工智能算法训练一般在专用的集群系统中实现，运算集群可通过一组松散集成的计算机软件和硬件连接起来，高度紧密地协作完成计算工作。在实际工作中，集群架设在远离产线的研究部门，且往往由多人共享使用。在算力配置步骤中，用户应根据需要在集群中申请计算资源，其大小决定训练速度的快慢。单击“下一步”进入算力配置说明界面，学习相关知识，如图 6.39 所示。

图 6.39　算力配置说明界面

在学习完毕后，单击“确定”按钮进入算力配置界面，如图 6.40 所示。

图 6.40　算力配置界面

在算力配置界面中，中间部分为通用图形处理器的介绍，用户可在界面左上方的下拉列表中选择本次训练使用的 GPU 数量。GPU 数量设置将影响模型训练时长，同时批量设置与算力配置结合可影响算力资源的利用率。完成设置后单击“下一步”按钮。

算力资源利用率将作为实验评分的构成要素。

6.4.14　模型训练

迭代次数为通过反向传播算法进行训练的次数，次数越多越容易达到更好的学习效果。单击“下一步”进入迭代次数设置界面，如图 6.41 所示。

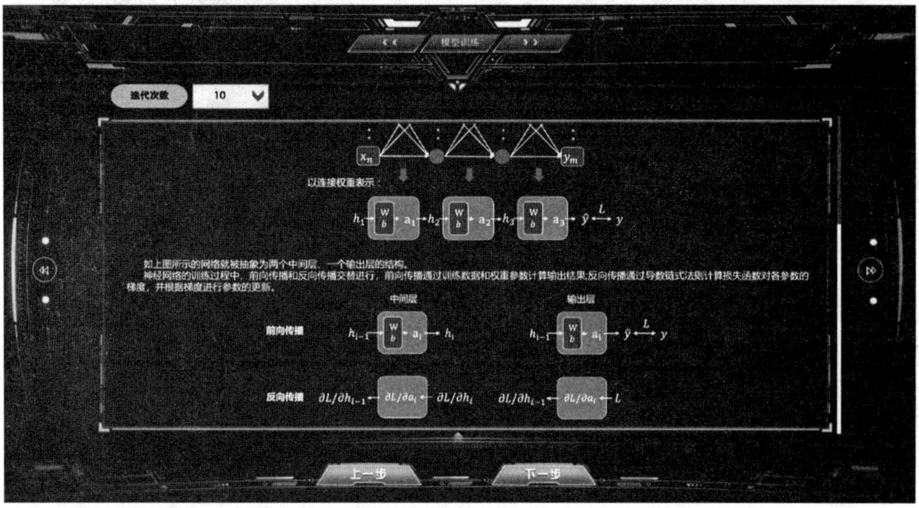

图 6.41　迭代次数设置界面

在迭代次数设置界面中，中间位置为迭代次数的介绍，用户可在界面左上方的下拉列表中选择本次训练的迭代次数，选择完成后单击“下一步”按钮进入模型训练界面，如图 6.42 所示。

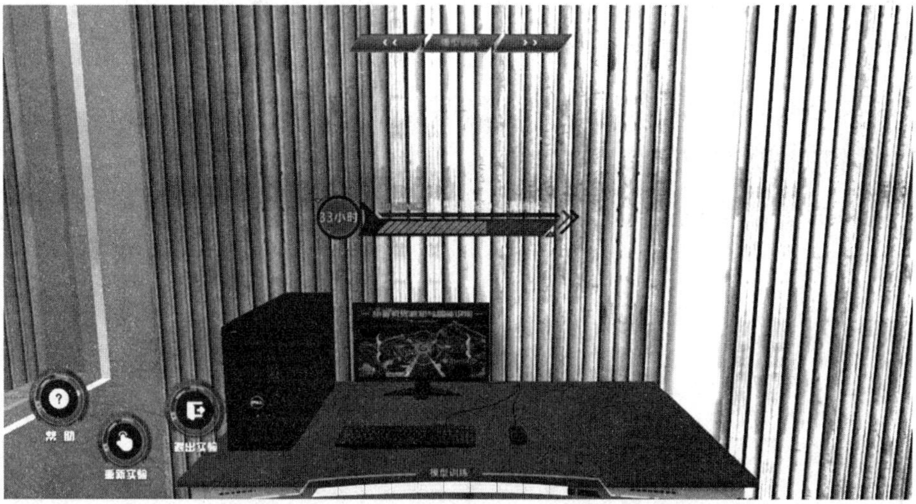

图 6.42　模型训练界面

深度学习模型对算力需求较大，训练时间较长，往往需要若干小时甚至若干天才可训练完成。本实验中的所有模型训练均已在前期完成，模型训练界面仅作展示使用。模型训练结束后，自动进入训练结果展示界面，如图6.43所示。

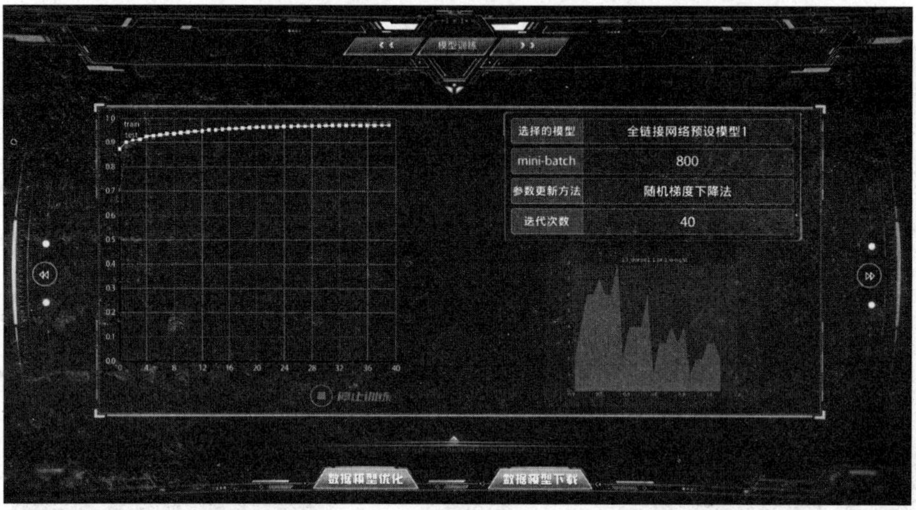

图 6.43　模型训练结果展示界面

在模型训练结果展示界面中，左侧图表为训练过程数据，其中纵轴为识别率，横轴为迭代次数；右上方表格为训练结果，右下方为模型中每一层的参数分布。若对当前训练结果不满意，可单击“数据模型优化”按钮，回到上一步重新进行迭代次数的选择，也可单击迭代次数设置界面中的“上一步”按钮，回到之前步骤进行重新选择与设置。本实验中所有步骤均可回溯修改，可进行多次修改，直至训练结果符合预期。对训练结果满意后，单击“数据模型下载”按钮完成模型训练。

模型训练结果中的测试集识别率和对硬件资源的利用率将作为实验评分的构成要素。

6.4.15 模型验证

将训练好的识别模型部署到生产线上,验证模型的识别效果。模型验证说明界面如图 6.44 所示,单击“下一步”进入模型验证漫游界面并自动导航至模型验证设备前,如图 6.45 所示。

图 6.44 模型验证说明界面

图 6.45 模型验证漫游界面

单击界面中指引的高亮设备，进入模型验证界面，如图 6.46 所示。

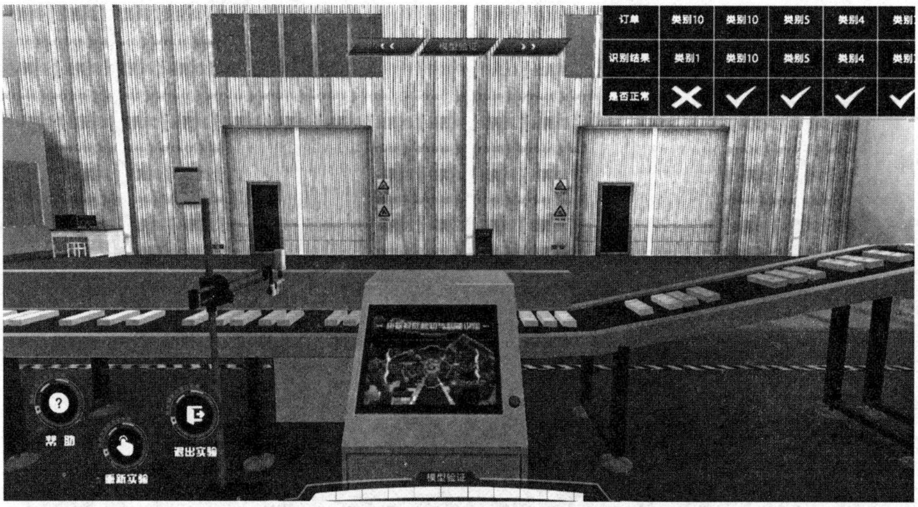

图 6.46　模型验证界面

在模型验证界面中，右上方滚动显示当前验证的实际类别与识别类别，在验证结束后以弹出窗口的方式展示验证中的识别率，如图 6.47 所示。

图 6.47　模型验证结果界面

在模型验证结果界面中单击“查看明细”按钮，查看本实验各步骤的得分情况，如图 6.48 所示，也可单击“保存实验”按钮结束实验。

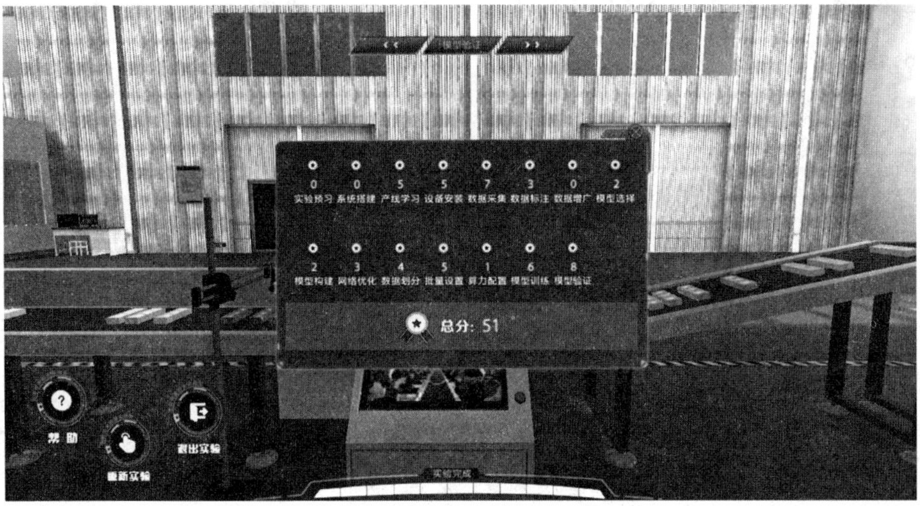

图 6.48　实验操作明细界面

模型验证的识别率将作为实验评分的构成要素。

6.5　实验结果与结论

系统自动记录每一个实验步骤的结果与操作过程，以便分析用户操作，生成实验成绩(见图 6.49)与实验报告。

序号	姓名	学习时间	学习状态	学习时长(min)	成绩	操作
成绩 1	申[redacted]	2023-07-09 20:56:05	结束学习	9.65	91.00	数据 实验报告

图 6.49　实验成绩

报告样式如下所示。

实验报告

一、实验目的

1. 了解并掌握分拣生产线的设备组成、布置方法及作用。

2.掌握基于深度学习的机器视觉项目的开发流程。

3.掌握机器视觉设备布设方法。

4.熟练掌握数据集构建与增广方法。

5.熟练掌握深度学习网络模型结构及构建方法。

6.熟练掌握深度学习模型超参数的作用及其对训练结果的影响。

7.了解并掌握深度学习算法的工程应用方法。

二、实验原理

通过采用计算机3D建模和实景化呈现技术模拟工业现场环境，采用虚拟化视觉感知模型选择与训练技术对视觉感知系统构建进行仿真，其中主要包括13个知识点。针对工业现场实际情况，根据视觉感知系统模型的优劣、模型训练方式的差异、部署环境的限制等，构建本实验。在实验过程中，通过操作计算机完成图像数据集制备、视觉感知系统模型选择、视觉感知模型训练、视觉感知系统的部署等实验过程，完成规定的实验操作。

本实验为典型智能分拣生产线的3D巡游与浏览实验，通过视觉感知系统的虚拟搭建，实现视觉感知与智能分拣的配置与运行仿真。本实验通过虚拟仿真技术，实现了教学大纲要求的视觉感知系统基本原理、多种视觉感知模型、深度神经网络典型结构、深度神经网络训练技巧以及视觉感知系统在实际中的应用等内容的教学目标。

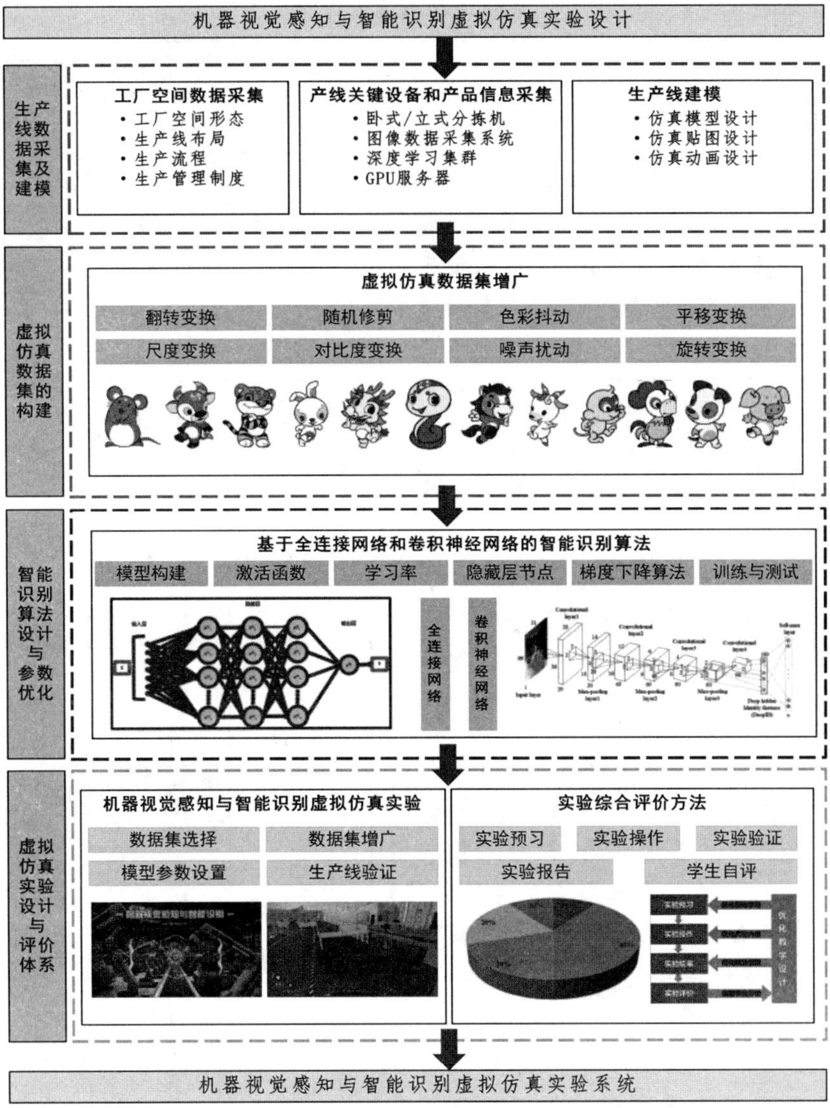

实验原理框图

三、实验器材

机器视觉感知与智能识别虚拟仿真实验系统、计算机。

四、操作记录

1.实验预习(10 分)

设置 5 道选择题,每题 2 分,共计 2 分/题×5 题=10 分。

实验预习题作答情况

序号	题目(不含选项)	正确答案	学生答案	是否正确	得分
1	对深度神经网络的构成描述正确的是( )	D	D	正确	2
2	在一个神经网络中,知道每一个神经元的权重和偏差是最重要的一步。如果知道了神经元准确的权重和偏差,便可以近似任何函数,但怎么获知每个神经元的权重和偏差呢?( )	B	B	正确	2
3	梯度下降算法的正确步骤是( ) a.计算预测值和真实值之间的误差 b.重复迭代,直至得到网络权重的最佳值 c.把输入传入网络,得到输出值 d.用随机值初始化权重和偏差 e.对每一个产生误差的神经元,调整相应的(权重)值以减小误差	D	D	正确	2
4	大脑是由很多个叫作神经元的东西构成的,神经网络是对大脑简单的数学表达。每一个神经元都有输入、处理函数和输出。神经元组合起来形成了神经网络,可以拟合任何函数。为了得到最佳的神经网络,我们用梯度下降算法不断更新模型。 给定上述关于神经网络的描述,什么情况下神经网络模型被称为深度学习模型?( )	A	A	正确	2
5	当前应用最为广泛的深度学习方式为( )	A	A	正确	2
小计					10

2.系统搭建(5 分)

在系统构架中设置 5 处关键设备位置,每个位置需放置不同设备,完成系统功能,每放对 1 个设备位置得 1 分,共计 1 分/位置×5 个位置=5 分。

系统搭建得分表

序号	设备类型	得分
1	立式产品分拣机	1
2	卧式产品分拣机	1
3	图像采集子系统	1
4	现场控制器	1
5	热塑封机	1
小计		5

3. 产线学习(6 分)

学习工程现场智能分拣线中 5 种主要设备的工作原理，每学习完 1 种设备得 1 分，共计 1 分/设备×5 种设备=5 分。

产线学习得分表

序号	设备类型	得分
1	立式产品分拣机	1
2	卧式产品分拣机	1
3	工业摄像机	1
4	机械臂	1
5	热塑封机	1
小计		5

4.设备安装(5 分)

(1)设备架设位置正确，加 3 分；设备架设位置不正确，加 0 分。

(2)焦距调整正确，加 2 分；焦距调整不正确，加 0 分。

共计 3 分+2 分=5 分。

设备安装得分表

设备类型	得分
架设摄像机	3
焦距调整	2
小计	5

5.数据采集(8分)

图像全部正确,加8分;选中1张不合格图像或少1张合格图像,加7分;选中2张不合格图像或少2张合格图像,加6分;选中3张不合格图像或少3张合格图像,加5分;选中4张不合格图像或少4张合格图像,加4分;选中5张不合格图像或少5张合格图像,加3分;选中6张不合格图像或少6张合格图像,加2分;选中7张不合格图像或少7张合格图像,加1分;选中8张及以上不合格图像或少8张及以上合格图像,加0分。

数据采集得分表

数据采集正确样本数	问题样本数	得分
43	1	2

6.数据标注(5分)

(1)所有标注全部正确,加3分;标注1个错误图像,加2分;标注2个错误图像,加1分;标注3个及以上错误图像,加0分。

(2)数据集数据均衡,加2分;数据集数据不均衡,加0分。

共计3分+2分=5分。

数据标注得分表

数据标注得分	3
数据集数据均衡得分	2
小计	5

数据标注结果

类型	总数	错误数量
类别1	4	0
类别2	4	0
类别3	4	0
类别4	4	0
类别5	4	0
类别6	4	0

续表

类型	总数	错误数量
类别 7	4	0
类别 8	4	0
类别 9	4	0
类别 10	4	0

7.数据增广(5 分)

(1)数据增广覆盖整个数据集,加 3 分;数据增广未覆盖整个数据集,加 0 分。

(2)使用的数据增广方法不少于 4 种,加 2 分;使用的数据增广方法少于 4 种,加 0 分。

共计 3 分+2 分=5 分。

8.模型选择(4 分)

本步骤共 4 分,选择全连接网络,加 2 分;选择卷积神经网络,加 4 分。

模型选择得分表

模型类型	得分
卷积神经网络	4
小计	4

9.模型构建(10/15 分)

进阶模式下,放置 1 个正确的网络程序组件,加 3 分,共计 3 分/组件×5 个组件=15 分;普通模式下,放置 1 个正确的网络程序组件,加 2 分,共计 2 分/组件×5 个组件=10 分。

模型构建得分表

实验模式	模型组件正确数量	得分
进阶模式	5	15
小计		15

10.网络优化(5 分)

选择随机梯度下降法,加 3 分;选择其他算法,加 5 分。

网络优化得分表

网络优化方法	得分
随机梯度下降法	3
小计	3

11.数据划分(5分)

训练集与测试集比例划分为6∶4～8∶2时,加5分;训练集与测试集比例划分为8∶2～9∶1或5∶5～6∶4时,加4分;训练集与测试集比例划分为4∶6～5∶5时,加3分;训练集与测试集比例划分为3∶7～4∶6时,加2分;训练集与测试集比例划分为2∶8～3∶7时,加1分;训练集与测试集比例划分小于2∶8或大于9∶1时,加0分。

数据划分得分表

数据划分比例	得分
72%∶28%	5
小计	5

12.批量设置(5分)

批量设置数量>500,加5分;100<批量设置数量≤500,加4分;50<批量设置数量≤100,加3分;10<批量设置数量≤50,加2分;1<批量设置数量≤10,加1分。

批量设置得分表

批量设置数量	得分
200	4
小计	4

13.算力配置(5分)

每次训练需要的显存数量=mini-batch×1920×1080×3,显存利用率≥80%,加5分;70%≤显存利用率<80%,加4分;60%≤显存利用率<70%,加3分;50%≤显存利用率<60%,加2分;显存利用率<50%,加1分。

算力配置得分表

显存利用率	得分
0.00	1
小计	1

14.模型训练(10 分)

(1)识别率≥80%,加 5 分;70%≤识别率<80%,加 4 分;60%≤识别率<70%,加 3 分;50%≤识别率<60%,加 2 分;识别率<50%,加 1 分。

(2)迭代次数≤10 次,加 5 分;10 次<迭代次数≤20 次,加 4 分;20 次<迭代次数≤30 次,加 3 分;30 次<迭代次数≤40 次,加 2 分;迭代次数>40 次,加 1 分。

模型训练得分表

模型名称	迭代次数	识别率	得分
卷积神经网络预设网络结构 3	40	0.90	7

15.模型验证(8 分)

识别率≥80%,加 8 分;70%≤识别率<80%,加 7 分;60%≤识别率<70%,加 6 分;50%≤识别率<60%,加 5 分;40%≤识别率<50%,加 4 分;30%≤识别率<40%,加 3 分;20%≤识别率<30%,加 2 分;10%≤识别率<20%,加 1 分;识别率≤10%,加 0 分。

模型验证得分表

正确数量	错误数量	正确率	得分
181	19	0.91	8

实验得分:84 分。

实验得分表如表 6.2 所示,实验得分详情如图 6.50 所示。

表 6.2　实验得分表

序号	操作步骤	得分
1	实验预习	10
2	系统搭建	5
3	产线学习	5
4	设备安装	5
5	数据采集	2
6	数据标注	5
7	数据增广	5
8	模型选择	4
9	模型构建	15
10	网络优化	3
11	数据划分	5
12	批量设置	4
13	算力配置	1
14	模型训练	7
15	模型验证	8
小计		84

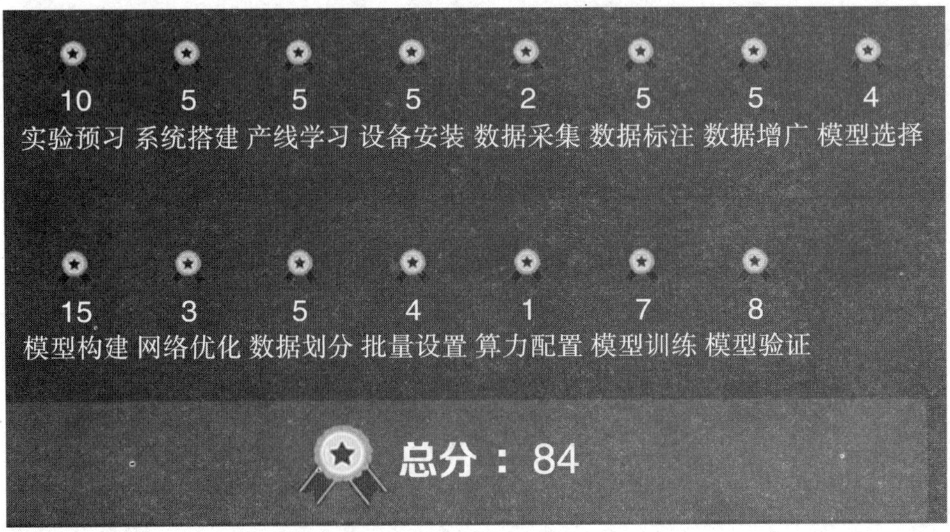

图 6.50　实验得分详情

6.5.1 系统认知

(1)在系统搭建步骤中,学习系统构成与工作原理。

(2)在产线学习步骤中,学习主要设备的工作原理及功能。

6.5.2 数据集制作

(1)在设备安装步骤中,在预设的 5 个位置中选定图像采集位置,图像采集设备与被采集物体的距离应不小于 20 cm,图像焦距设置与距离的差值应不大于 1 cm。

(2)在数据采集步骤中,需去除拍摄不完整、模糊、缺物体的图像样本。采集图像数量与模型识别率呈正相关。

(3)在数据标注步骤中,在确保类别信息标注正确的前提下,应关注数据集中各分类样本数的均衡情况,若存在部分分类样本过少等情况应再次采集填充。

(4)在数据增广步骤中,使用的增广方式的数量和数据集最终的规模均与模型识别率呈正相关。

6.5.3 模型构建

(1)在模型选择步骤中,对于图像识别任务的完成情况,卷积神经网络的表现能力与泛化能力均远高于全连接网络。

(2)在模型构建步骤中,针对模型选择步骤中选定的模型种类,进行具体的模型构建:

①针对全连接网络,须确定隐藏层的数量,并正确组装全连接网络结构。

②针对卷积神经网络,须正确组装 ResNet 模型的基本结构。

6.5.4 模型训练

(1)在网络优化步骤中,学习率衰减法相对于随机梯度下降法更具优势,收敛速度更快。

(2)在数据划分步骤中,测试集占比应不低于 10%,否则很难判断模型是否过拟合。

(3)在批量设置步骤中,在硬件条件允许的情况下,加大最小批量的数值有利于缩短训练时间。

(4)在算力配置步骤中,硬件配置要考虑最小批量设置和算力资源的解决与充分利用,算力资源利用率不宜低于70%。

(5)在模型训练步骤中,根据需解决的问题和模型的种类与配置,选择适合的迭代次数,最好的情况是迭代次数刚好能满足识别率要求,迭代次数少则模型识别率不足,多则浪费算力资源。

6.5.5 模型验证

(1)在模型验证步骤中,应在实际场景中采集数据进行验证,避免使用训练集导致的过拟合现象。

(2)实验报告应体现如下结论:

①数据集不均衡会导致模型识别率下降。

②算力资源与最小批量不匹配会导致算力资源浪费。

③迭代次数与识别率不匹配会导致模型欠拟合或资源浪费。

④模型选择和构建不合理会导致模型表现力不足,进而导致识别率难以提升。

⑤模型优化算法选择不合理会导致达到识别率要求的训练迭代次数增加。

第7章　实验教学系统

7.1　系统架构

虚拟仿真实验系统一般有两种架构形式：服务器/客户机（client/server，C/S）架构和浏览器/服务器（browser/server，B/S）架构。

7.1.1　C/S 架构

C/S 架构通常有两层结构——服务器和客户机，服务器负责管理数据，客户机负责完成与用户的交互任务。

客户机通过局域网与服务器相连，接受用户的请求，并通过网络向服务器提出请求，对数据库进行操作。服务器接受客户机的请求，将数据提交给客户机，客户机对数据进行计算并将结果呈现给用户。服务器还要提供安全保护及对数据完整性的处理等操作，并允许多个客户机同时访问服务器，这就对服务器硬件的处理数据能力提出了很高的要求。

在 C/S 架构中，应用程序分为两部分：服务器部分和客户机部分。服务器部分由多个用户共享信息与功能，执行后台服务，如控制共享数据库的操作等；客户机部分为用户所专有，负责执行前台功能，在出错提示、在线帮助等方面都有强大的功能，并且可以在子程序间自由切换。

C/S 架构的关键要素为：①由客户而不是服务提供者发起动作；②服务器被动等待来自客户机的请求；③客户机和服务器通过一条通信链路连接起

来。两个进程间的通信链路称为连接。连接在内部表现为有一些缓冲区和一组协议机制，在外部表现出比无连接高的可靠性。一个完整的网间进程通信需要由两个进程组成，并且只能使用同一种高层协议。因此，一个完整的网间通信需要用协议、本机地址、本地端口号、远程端口号、远程地址五个元素标识。

C/S 架构在技术上已经很成熟，它的主要特点是交互性强、具有安全的存取模式、响应速度快、利于处理大量数据。但是 C/S 架构缺少通用性，系统维护、升级时需要重新设计和开发，增加了维护和管理的难度，进一步导致数据拓展困难较多，所以 C/S 架构只限于在小型的局域网中使用。

7.1.2 B/S 架构

B/S 架构是 Web 兴起后的一种网络架构模式，Web 浏览器是客户端最主要的应用软件。这种模式统一了客户端，将系统功能实现的核心部分集中到服务器上，简化了系统的开发、维护和使用。客户机上只需要安装一个浏览器，如 Chrome、Safari、Microsoft Edge、Netscape Navigator 或 Internet Explorer 等，而服务器需要安装 SQL Server、Oracle、MYSQL 等数据库。浏览器可通过 Web Server 同数据库进行数据交互。

随着互联网和万维网（WWW）的流行，以往的主机/终端架构和 C/S 架构都无法满足当前的全球网络开放、互连、信息随处可见和信息共享的新要求，于是就出现了 B/S 架构。它是 C/S 架构的一种改进，可以说属于三层C/S 架构。B/S 架构主要利用了不断成熟的 WWW 浏览器技术，用通用浏览器即可实现原来需要复杂专用软件才能实现的强大功能，节约了开发成本，是一种全新的软件系统构造技术。B/S 架构有三层结构：

第一层是浏览器，即客户端，只有简单的输入/输出功能，处理极少部分的事务逻辑。由于客户机上不需要安装客户端，只要有浏览器就能上网，所以它面向的是大范围的用户，界面设计得比较简单、通用。

第二层是 Web 服务器，扮演着信息传送的角色。当用户想要访问数据库时，就会首先向 Web 服务器发送请求，Web 服务器同意请求后会向数据库服务器发送访问数据库的请求，这个请求是用 SQL 语句实现的。

第三层是数据库服务器，它扮演着十分重要的角色，因为它存放着大量的数据。当数据库服务器收到了 Web 服务器的请求后，会对 SQL 语句进行处理，并将返回的结果发送给 Web 服务器。接下来，Web 服务器将收到的数据结果转换为超文本标记语言(HTML)形式发送给浏览器，也就是打开浏览器看到的界面。

7.1.3　两种架构比较

B/S 架构是从 C/S 架构改进而来的，可以看作由三层 C/S 架构组成。随着 Web 技术的飞速发展以及人们对网络的依赖程度加深，B/S 架构成为当今最流行的网络架构。两种架构都是非常重要的网络架构，都在不同领域有所应用。在响应速度、用户界面、数据安全等方面，C/S 架构强于 B/S 架构；但是在业务扩展和适用 WWW 方面，B/S 架构明显胜过 C/S 架构。可以这么说，B/S 架构的强项就是 C/S 架构的弱项，反之亦然。两种架构各有优缺点，相互无法取代。两者的不同如表 7.1 所示。

C/S 架构与 B/S 架构各有特点和优势，在不同的系统环境与操作平台下，可选择性能较为合适的架构或混合使用，以保证数据的敏感性、安全性和稳定发展，同时还可以优化数据库的修改与新增操作。为保护客户端程序，提高资源数据的交互性能，实现系统维护成本较低、维护方式较简便、布局更合理、网络数据使用效率较高的目的，采用 C/S 架构与 B/S 架构的混合模式才是最佳方案。

表 7.1　C/S 架构与 B/S 架构的不同

项目	C/S 架构	B/S 架构
硬件环境	专用网络	广域网
安全要求	面向相对固定的用户群，对信息安全的控制能力强	面向不可知的用户群，对信息安全的控制能力相对较弱
程序架构	更加注重流程，较少考虑系统运行速度	对安全以及访问速度都有多重考虑，符合发展趋势
软件重用	差	好

续表

项目	C/S 架构	B/S 架构
系统维护	升级难	开销小,方便升级
处理问题	集中	分散
用户接口	与操作系统关系密切	跨平台,与浏览器相关
信息流	交互性弱	交互性强

7.1.4 实验系统架构示意图

机器视觉感知与智能识别虚拟仿真实验系统采用 B/S 架构,具体示意图如图 7.1 所示。

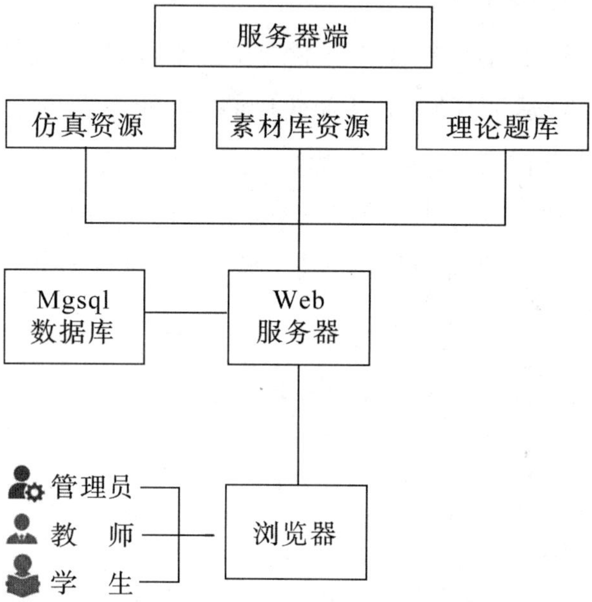

图 7.1 系统架构示意图

7.2 系统说明

该仿真实验系统在实验空间网站运行,采用 B/S 架构,普通用户可通过访问管理平台来查看相关功能(软件列表、课程列表)和统计信息(学习记录、考试成绩)，并启动 3D 仿真项目。

老师可通过平台组织仿真考试和理论考试；学生可通过平台与老师互动、分享学习经验、记课程笔记、参加考试；老师和学生可方便地开展资源共享、仿真操作，并进行统一的人员与成绩管理，使教学工作网络化、信息化。

7.2.1　首页界面

在浏览器中输入网址 https://www.ilab-x.com/topics，出现首页界面，如图 7.2 所示。

图 7.2　实验空间网站首页界面

7.2.2　登录/注册界面

在实验空间网站首页单击“登录/注册”，出现图 7.3 所示界面。如果已有账号，直接登录即可；如果没有账号，要先注册。

图 7.3　实验空间网站登录界面

登录后的显示界面如图 7.4 所示。

图 7.4　实验空间网站登录后的显示界面

7.2.3　实验中心界面

在实验空间网站首页，单击“实验中心”，出现图 7.5 所示界面。

图 7.5　实验中心界面

7.2.4　自动化类虚拟仿真实验界面

在图 7.5 所示界面中，单击“自动化类”，出现图 7.6 所示界面。然后向下拖动鼠标，找到机器视觉感知与智能识别虚拟仿真实验系统。

图 7.6　自动化类专业虚拟仿真实验界面

7.2.5 系统界面

在图 7.6 所示界面中，找到并单击机器视觉感知与智能识别虚拟仿真实验系统，显示图 7.7 所示界面。

图 7.7 机器视觉感知与智能识别虚拟仿真实验系统界面

在图 7.7 所示界面中，已注册的用户直接单击“我要做实验”，即可开始本实验。

参考文献

[1]高志强，王晓敏，闫晋文，等. 我国虚拟仿真实验教学项目建设的现状与挑战[J]. 实验技术与管理，2020，37(7)：5-9＋14.

[2]张宁，赵毅强，兰馗博，等. “新工科”背景下关于虚拟仿真实验的几点思考和建议[J]. 实验技术与管理，2020，37(3)：185-188.

[3]熊宏齐. 虚拟仿真实验教学助推理论教学与实验教学的融合改革与创新[J]. 实验技术与管理，2020，37(5)：1-4＋16.

[4]农春仕，孟国忠，周德群，等. “双一流”行业高校建设虚拟仿真实验教学项目的探究[J]. 实验技术与管理，2021，38(5)：15-19.

[5]黄永福，季六祥. 基于 VR 技术的物流管理虚拟仿真实验教学中心建设探索[J]. 实验技术与管理，2020，37(8)：238-242.

[6]孙江宏，何宇凡，王佳林，等. 管道检测机器人虚拟仿真实验系统设计[J]. 实验技术与管理，2021，38(9)：138-142.

[7]董春桥，王秀萍，梁莎. “互联网＋”环境工程原理虚拟仿真实验教学项目建设[J]. 实验技术与管理，2021，38(8)：11-14＋19.

[8]史延雷，孟庆浩，龚进峰，等. 智能网联汽车硬件在环虚拟仿真实验平台设计开发[J]. 实验技术与管理，2021，38(7)：125-128＋134.

[9]胡蔓，杨明，杜萍静. 东北亚能源互联网虚拟仿真实验教学项目建设及应用[J]. 实验室研究与探索，2020，39(8)：125-128＋154.

[10]曾祥炎，孟阳. “三模块五平台”虚拟仿真实验教学体系的构建与实践[J]. 实验室研究与探索，2021，40(3)：141-144＋152.

[11]安珊珊，唐昕怡. 文科类国家虚拟仿真实验教学的必要性与创新特质[J]. 中国高等教育，2020(22)：48-50.

[12]王翊，文静，张海鑫，等."深度学习"实验教学四段式教学法的研究与实践[J]. 实验技术与管理，2021，38(5)：208-212.

[13]FUKUSHIMA K，MIYAKE S. Neocognitron：A new algorithm for pattern recognition tolerant of deformations and shifts in position[J]. Pattern recognition，1982，15(6):455-469.

[14]YANN L C，BOSER B，DENKER J S，et al. Backpropagation applied to handwritten zip code recognition[J]. Neural computation，1989，1(4)：541-551.

[15]HINTON G E，OSINDERO S，TEH Y W. A fast learning algorithm for deep belief nets[J]. Neural computation，2006，18(7)：1527-1554.

[16]MIKOLOV T，CHEN K，CORRADO G，et al.Efficient estimation of word representations in vector space[J]. Computer science，2013.

[17]ROSENBLATT F. The perceptron：A probabilistic model for information storage and organization in the brain[J]. Psychological review，1958，65(6)：386-408.

[18]RUMELHART D E，HINTON G E，WILLIAMS R J. Learning representations by back-propagating errors[J]. Nature，1986，323(6088)：533-536.

[19]CORTES C，VAPNIK V. Support-vector networks[J]. Machine learning，1995，20(3)：273-297.

[20]MCCLELLAND J，RUMELHART D. Parallel distributed processing：Explorations in the microstructure of cognition：Psychological and biological models[M]. Cambridge，MA：MIT Press，1987.

附录 1　国家级一流本科课程证书

2023 年，山东大学机器视觉感知与智能识别虚拟仿真实验课程获批第二批国家级一流本科课程，其证书如附图 1.1 所示。

国家级一流本科课程

证书

★ ★ ★ ★ ★

课 程 类 别：虚拟仿真实验教学一流课程

课 程 名 称：机器视觉感知与智能识别虚拟仿真实验

课 程 负 责 人：朱文兴

课程团队其他主要成员：张法业、荣海林、田天、张伟

主要建设单位：山东大学

中华人民共和国教育部

2023年5月

证 书 编 号：2023220279

附图 1.1　国家级一流本科课程证书

附录 2　国家高等教育智慧教育平台

机器视觉感知与智能识别虚拟仿真实验课程入选国家高等教育智慧教育平台，该平台链接为 https://www.chinaooc.com.cn/vlab。国家高等教育智慧教育平台界面如附图 2.1 所示。

附图 2.1　国家高等教育智慧教育平台界面

附录 3　计算机软件著作权登记证书

2020 年，山东大学机器视觉感知与智能识别虚拟仿真软件获得计算机软件著作权登记证书，如附图 3.1 所示。

中华人民共和国国家版权局

计算机软件著作权登记证书

证书号：软著登字第6382258号

软 件 名 称：机器视觉感知与智能识别虚拟仿真软件
[简称：机器视觉感知与智能识别软件]
V1.0

著 作 权 人：山东大学；北京欧倍尔软件技术开发有限公司

开发完成日期：2020年07月15日

首次发表日期：2020年07月15日

权利取得方式：原始取得

权 利 范 围：全部权利

登 记 号：2020SR1581286

根据《计算机软件保护条例》和《计算机软件著作权登记办法》的规定，经中国版权保护中心审核，对以上事项予以登记。

中华人民共和国国家版权局
计算机软件著作权
登记专用章

No. 06713514

2020年11月16日

附图 3.1　计算机软件著作权登记证书

附录4　卷积神经网络代码实现

本部分使用 PyTorch 软件编写卷积神经网络的实现代码，作为前文介绍的卷积神经网络原理的代码补充。一个卷积神经网络由若干卷积层、池化层、全连接层组成。卷积神经网络原理如图 2.18 所示。

(1)卷积层：输入图片并通过卷积核提取特征映射(feature maps)，此为卷积层的操作。

(2)池化层：将得到的特征参数经过池化层进行简化，以减少特征参数数量，此为池化层的操作。

(3)全连接层：将最终提取到的特征参数输入到全连接层进行计算。

图 2.18 中一张图变成了 3 个特征映射，这是因为特征映射的数量与图片通道数有关。卷积核也同样是对应的，一个通道对应一个卷积核。

代码实现步骤如下。

(1)第一步：导入函数包。

导入函数包的参考代码如下：

```
import torch
import torch.nn as nn
import torch.utils.data as Data
from torch.autograd import Variable
import torchvision # PyTorch 的一个视觉处理工具包
```

PyTorch 中主要的包有以下几种：

①torch.nn：包含用于构建神经网络的模块和可扩展类的子包。

②torch.autograd：支持 PyTorch 中所有可微张量(Tensor)运算的子包。

③torch.nn.functional：一种功能接口，包含用于构建神经网络的典型操作，如损失函数、激活函数和卷积运算。

④torch.optim：包含标准优化操作(如 SGD 和 Adam)的子包。

⑤torch.utils：工具包，包含数据集和数据加载程序等实用程序类的子包，使数据预处理更容易。

⑥torchvision：一个提供对流行数据集、模型架构和计算机视觉图像进行转换的访问权限的软件包。

(2)第二步：数据预处理。

将数据转换成 Tensor 的原因有以下几条：

①Tensor 的意义：对于 PyTorch 而言，Tensor 是构建整个框架的最底层数据结构。

②Tensor 的区别：Tensor 与普通的数据结构不同，因为它可以自动求导且可以表示一个多维矩阵，还可以用在 GPU 中以加速计算。

PyTorch 中对于数据集的处理有三个非常重要的类：Dataset、Dataloader、Sampler，它们均是 torch.utils.data 包下的模块(类)。Dataloader 是数据的加载类，它是对 Dataset 和 Sampler 的进一步包装，用于实际读取数据。

关于 torchvision 中的数据集，有以下几点说明：

①torchvision 的 Datasets 中，所有封装的数据集都是 torch.utils.data.Dataset 的子类，它们都可以用 torch.utils.data.DataLoader 进行数据加载。以 datasets.MNIST 类为例，具体参数和用法如下所示：

```
CLASS torchvision.datasets.MNIST(
            root: str,
            train: bool = True,
            transform: Optional[Callable] = None,
            target_transform: Optional[Callable] = None,
            download: bool = False
)
```

②root (string)：表示数据集的根目录，其中有 MNIST/processed/training.pt 和 MNIST/processed/test.pt 两个子目录(其实就是指定下载文件的位置)。

③train (bool, optional)：如果函数输出为 True，则从 training.pt 创建数据集，否则从 test.pt 创建数据集。

④download (bool, optional)：如果函数输出为 True，则从 internet 中下载数据集并放入根目录。如果数据集已下载，则不会被再次下载。

⑤transform (callable, optional)：一个转换函数，接收 PIL 图像并返回转换后的版本(就是把图像或者 Numpy 中的数组转换成 Tensor)。

⑥target_transform (callable, optional)：一个转换函数，接收 PIL 图像并返回转换后的版本。

Variable 是 Tensor 的封装。在神经网络中，常需要进行反向传播运算，所以需要各个节点是连接在一起的，参考代码如下：

```
torch.manual seed(1)  #设置随机种子，用于复现
#超参数
EPOCH = 1   #前向后向传播迭代次数
LR = 0.001    #学习率 learning rate
BATCH SIZE = 50   # 批量训练时一次性输入数据的数量
DOWNLOAD MNIST = True
#下载 MNIST 手写数据集
#训练集
train data m torchvision.datasets .MNIST(
root ='./MNIST/',
train=True,
transform = torchvision.transforms.ToTensor(),
download=DOWNLOAD_MNIST
#测试集
test data = torchvision.datasets,MNIST(root=',/MNIST,train=False)
#train 设置为 False 表示获取测试集
#一个批训练 50 个样木,1 通道,图片尺寸 28×28,size:(50,1,28,28)
```

```
train loader = Data.Dataloader(
dataset = train_data,
batch sizemBATCH SIZE,
shuffle=True
#测试数据预处理:只测试前 2000 个
test x m torch,unsqueeze(test data.datadimml) .float()[:2000] / 255.0
#shape from (2000,28,28) to (2000,1. 28,28)
test_y = test_data.targets[:2000]
)
```

(3)第三步:定义网络结构。

参考代码如下:

```
class CNN(nn.Module):
    def __init__(self):
        super(CNN,self).__init__()
        self.conv1 = nn.Sequential(
            nn.Conv2d(
    # 输入的图片 (1,28,28)
                in_channels=1,
                out_channels=16,
    # 经过一个卷积层之后 (16,28,28)
                kernel_size=5,
                stride=1,
    # 如果想要 con2d 出来的图片长宽没有变化,padding=(kernel_
      size-1)/2 当 stride=1
                padding=2
            ),
            nn.ReLU(),
            nn.MaxPool2d(kernel_size=2)
    # 经过池化层处理,维度为(16,14,14)
```

```
        )
        self.conv2 = nn.Sequential(
                nn.Conv2d(                      # 输入(16,14,14)
                in_channels=16,
                out_channels=32,
                kernel_size=5,
                stride=1,
                padding=2
            ),                                  # 输出(32,14,14)
            nn.ReLU(),
            nn.MaxPool2d(kernel_size=2)         # 输出(32,7,7)
        )
        self.out = nn.Linear(32 * 7 * 7,10)
    def forward(self, x):
        x = self.conv1(x)                       #(batch_size,16,14,14)
        x = self.conv2(x)                       # 输出(batch_size,32,7,7)
        x = x.view(x.size(0),-1)                # (batch_size,32,7,7)
        out = self.out(x)                       # (batch_size,10)
        return out
cnn = CNN()
```

①Net 需要继承自 nn.Module 类，通过 super(Python 中的超类)完成父类的初始化。nn.Module 是 torch.nn 中十分重要的类，包含网络各层的定义及 forward 方法。

②nn.Sequential 返回的是一个序列容器，用于搭建神经网络，按照被传入构造器的顺序添加到 nn.Sequential()容器中。

③nn.Conv2d：在 PyTorch 的 torch.nn 中封装了 nn.Conv2d()类，用于实现二维卷积。二维卷积是最常用的卷积方式。

④池化层的主要作用是进行下采样(降采样)，通过去掉特征映射中不重要的样本，进一步减少参数数量。池化的方法有很多，最常用的是最大池

化(max pooling)。最大池化实际上就是在 $n \times n$ 的样本中取最大值,作为采样后的样本值,2×2 样本的最大池化示意图如附图 4.1 所示。

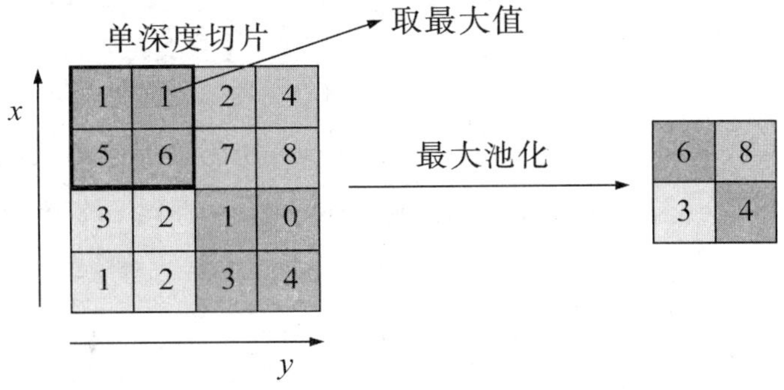

附图 4.1　2×2 样本的最大池化示意图

⑤卷积时图片的 size 参数的变化:设输入通道为 1,尺寸大小为 28 px×28 px,则 size 为(1,28,28)。经过卷积后,由于自定义输出通道为 16,size 变为(16,28,28)。经过池化层后,因为卷积核是 2×2 的,所以 size 降低为(16,14,14);继续进行卷积,池化后的 size 变成了(32,7,7)。

⑥输出尺寸 O 的计算公式如下:

$$O=(I-K+2P)/S+1$$

式中,I 为输入尺寸;K 为卷积核大小;P 为填充(padding)像素的大小;S 为步长。

(4)第四步:训练模型。

参考代码如下:

```
optimizer = torch.optim.Adam(cnn.parameters(),lr=LR)# 定义优化器
loss_func = nn.CrossEntropyLoss()# 定义损失函数
for epoch in range(EPOCH):
    for step,(batch_x,batch_y) in enumerate(train_loader):
        pred_y = cnn(batch_x)
        loss = loss_func(pred_y,batch_y)
        optimizer.zero_grad()# 清空上一层梯度
        loss.backward() # 反向传播
```

```
            optimizer.step() # 更新优化器的学习率,一般以 epoch 为单位
进行更新
            if step % 50 == 0:
                test_output = cnn(test_x)
                pred_y = torch.max(test_output, 1)[1].numpy()
    # torch.max(test_out,1)返回的是 test_out 中每一行最大的数)
    # 返回的形式为 torch.return_types.max(
    # values=tensor([0.7000, 0.9000]),
    # indices=tensor([2, 2]))
    # 后面的[1]代表获取 indices
    print('Epoch: ', epoch, '| train loss: %.4f' % loss.data.numpy())
    # 打印前十个测试结果,与真实结果进行对比
    test_output = cnn(test_x[:10])
    pred_y = torch.max(test_output, 1)[1].numpy()
    print(pred_y, 'prediction number')
    print(test_y[:10].numpy(), 'real number')
```

①loss.backward()反向传播计算的梯度是根据 loss 的计算方式计算得到的。如果 loss 用到了整个 batch,则梯度是整个 batch 的梯度之和,也可能是平均数,这取决于 loss 的计算方式;如果 loss 只用到了 batch 中的某一个图,则梯度只会受这一个图的影响。

②torch.max()函数用于返回输入张量中所有元素的最大值。

完整的卷积神经网络代码如下:

```
import torch
import torch.nn as nn
import torchvision
import torch.utils.data as Data
torch.manual_seed(1)    # 设置随机种子, 用于复现
# 超参数
EPOCH = 1           # 前向后向传播迭代次数
```

```
LR = 0.001# 学习率 learning rate
BATCH_SIZE = 50      # 批量训练时候一次送入数据的 size
DOWNLOAD_MNIST = True
# 下载 mnist 手写数据集
# 训练集
train_data = torchvision.datasets.MNIST(
    root = './MNIST/',
    train = True,
    transform = torchvision.transforms.ToTensor(),
    download=DOWNLOAD_MNIST
)
# 测试集
test_data = torchvision.datasets.MNIST(root='./MNIST/', train=
False)# train 设置为 False,表示获取测试集
# 一个批训练 50 个样本, 1 个通道, 图片尺寸为 28×28,size 为(50,
1, 28, 28)
train_loader = Data.DataLoader(
    dataset = train_data,
    batch_size=BATCH_SIZE,
    shuffle=True
)
# 测试数据预处理,只测试前 2000 个
test_x = torch.unsqueeze(test_data.data,dim=1).float()[:2000] / 255.0
# shape from (2000, 28, 28) to (2000, 1, 28, 28)
test_y = test_data.targets[:2000]
class CNN(nn.Module):
    def __init__(self):
        super(CNN,self).__init__()
        self.conv1 = nn.Sequential(
            nn.Conv2d(          # 输入的图片 size 为(1,28,28)
```

```
                in_channels=1,
                    out_channels=16,
                                    # 经过一个卷积层之后 size 为(16,28,28)
                    kernel_size=5,
                    stride=1,                  # 如果想要 Conv2d 出来
的图片的长和宽没有变化, 当 stride=1 时,padding=(kernel_size-1)/2
                    padding=2
                ),
                nn.ReLU(),
                nn.MaxPool2d(kernel_size=2) # 经过池化层处理,维
度为(16,14,14)
            )
            self.conv2 = nn.Sequential(
                nn.Conv2d(                        # 输入(16,14,14)
                    in_channels=16,
                    out_channels=32,
                    kernel_size=5,
                    stride=1,
                    padding=2
                ),                                # 输出(32,14,14)
                nn.ReLU(),
                nn.MaxPool2d(kernel_size=2)     # 输出(32,7,7)
            )
            self.out = nn.Linear(32 * 7 * 7,10)
        def forward(self, x):
            x = self.conv1(x)                    #(batch_size,16,14,14)
            x = self.conv2(x)                # 输出(batch_size,32,7,7)
            x = x.view(x.size(0),-1)            # (batch_size,32,7,7)
            out = self.out(x)                     # (batch_size,10)
```

```
        return out
    cnn = CNN()
    optimizer = torch.optim.Adam(cnn.parameters(),lr=LR)
    # 定义优化器
    loss_func = nn.CrossEntropyLoss()   # 定义损失函数
    for epoch in range(EPOCH):
        for step,(batch_x,batch_y) in enumerate(train_loader):
            pred_y = cnn(batch_x)
            loss = loss_func(pred_y,batch_y)
            optimizer.zero_grad()   # 清空上一层梯度
            loss.backward() # 反向传播
            optimizer.step()# 更新优化器的学习率,一般以 epoch 为单
位进行更新
            if step % 50 == 0:
                test_output = cnn(test_x)
                pred_y = torch.max(test_output, 1)[1].numpy()
    # torch.max(test_out,1)返回的是 test_out 中每一行最大的数)
    # 返回的形式为 torch.return_types.max(
    # values=tensor([0.7000, 0.9000]),
    # indices=tensor([2, 2]))
    # 后面的[1]代表获取 indices
    print('Epoch: ', epoch, '| train loss: %.4f' % loss.data.numpy())
    # 打印前十个测试结果,与真实结果进行对比
    test_output = cnn(test_x[:10])
    pred_y = torch.max(test_output, 1)[1].numpy()
    print(pred_y, 'prediction number')
    print(test_y[:10].numpy(), 'real number')
```